Mensu fundamental da Metrologia

uma abordagem epistemológica

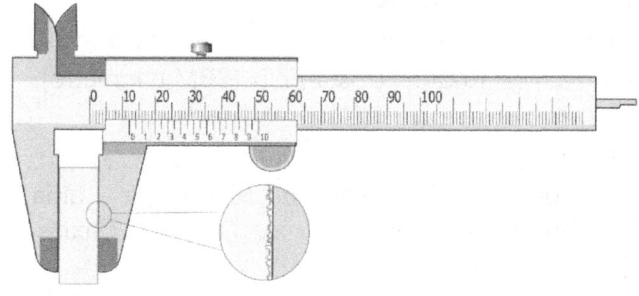

Antonio Carlos Baratto

Autor

Antonio Carlos Baratto

Instituto Nacional de Metrologia, Qualidade e Tecnologia (Inmetro)

Diretoria de Metrologia Científica e Industrial (Dimci)

Divisão de Metrologia em Tecnologia da Informação e Telecomunicações (Dmtic)

Laboratório de Comunicações Óticas, Radiofrequência e Tempo e Frequência (Laort)

acbaratto@inmetro.gov.br / acbaratto@hotmail.com

Apoio técnico

Editora: Sociedade Brasileira de Metrologia (SBM)

Editor chefe: Rodrigo Costa-Felix (SBM e Inmetro)

Capa: Priscila Almeida (SBM)

Formatação e revisão ortográfica: Aline Marques (SBM)

Revisão técnica: Rodrigo Costa-Felix (SBM e Inmetro)

Baratto, Antonio Carlos. Mensurando: conceito fundamental da Metrologia – uma abordagem epistemológica. Duque de Caxias, 2023. 136 f.
Editor: Rodrigo Costa-Félix (Sociedade Brasileira de Metrologia)
1. Mensurando. 2. Incerteza inerente, incerteza definicional, incerteza-alvo. 3. Teoria da Medição. I. Baratto, Antonio Carlos.

ISBN 979-8-39-178365-7 (impresso)

ASIN B0C4FYLRYM (eBook Kindle)

Agradecimentos

Quero fazer aqui um agradecimento especial a alguns colegas, pois um agradecimento nominal geral, a todos aqueles com algum merecimento, comportaria muitas páginas, o que acabaria por obnubilar o intento. Menciono, assim, os seguintes personagens metrológicos que, de maneira mais direta, em um sem número de discussões voltadas ao tema específico do trabalho, ou mesmo em discussões mais abrangentes, e ao longo de mais de doze anos, contribuíram significativamente para um melhor desenvolvimento textual e contextual dos conteúdos constantes deste trabalho. GREGORY Amaral Kyriazis, GUILHERME de Andrade Garcia, JAILTON Carreteiro Damasceno, PAULO Roberto Guimarães COUTO, RICARDO Luis D'Ávila Villela, SÍLVIO Francisco dos SANTOS. Quero externar, também, meu sincero agradecimento ao pessoal da Sociedade Brasileira de Metrologia pelo criterioso trabalho de edição, o qual permitiu sanar diversos lapsos e imprecisões constantes do documento originalmente entregue para presumível publicação.

Resumo

O modelo teórico que dá suporte ao "**Guia para a expressão de incerteza de medição** – GUM" apresenta uma significativa inconsistência epistemológica ao tratar o conceito de mensurando, não obstante ser este um conceito da mais fundamental importância para a construção de qualquer Teoria de Medição. No modelo do GUM, um particular "mensurando" não se caracteriza, de maneira completa, por uma definição precisa e única. É ele considerado uma entidade utópica bem específica, uma culminância para a qual, idealmente, devem (ou deveriam) convergir determinados "mensurandos" (mais propriamente, suas respectivas definições) pertencentes a uma "família" de "mensurandos" especificados em redefinições sucessivas, num processo que se estenderia indefinidamente. Revela-se, assim, bastante imprópria a base teórica desse modelo: ele propõe a determinação da incerteza de uma entidade assaz incerta, cuja definição será sempre, e incontornavelmente, incompleta. Neste trabalho são discutidos e analisados os principais conceitos da Metrologia, sobretudo o de mensurando, para o qual é proposta uma nova definição que conecta, de maneira bastante natural, a Metrologia e a Experimentação. Para dar conta dessa tarefa, novos conceitos metrológicos tiveram de ser criados e alguns outros, já existentes, redefinidos, numa busca por necessários e suficientes graus de precisão e seletividade, de maneira a permitir considerar e discutir, apropriadamente, diversos aspectos da teoria da medição, que jazem confusos quando abordados com os inadequados conceitos e ferramentas dos modelos teóricos existentes.

Palavras-chave: Mensurando, incerteza inerente, incerteza definicional, incerteza-alvo, medição, experimentação, sistema suporte.

Abstract

There is a significant epistemological inconsistency in the concept of measurand contained in the theoretical model that supports the "**Guide to the expression of uncertainty in measurement – GUM**", even though this is a concept of fundamental importance for the construction of any Measurement Theory. In the GUM framework, any particular "measurand" is not completely characterized by a precise and unique definition, but is considered a culmination, a very particular utopian entity to which, ideally, would converge some "measurands" (more properly, their respective definitions) belonging to a "family" of interrelated "measurands" that are specified by successive and infinite redefinitions. Thus, the theoretical basis of this model is quite inadequate: it proposes the determination of the uncertainty of a very uncertain entity, whose definition is made in a very obscure way, being always incomplete and uncertain. This work discusses the main concepts of the Metrology, principally the concept of measurand, for which is proposed a new definition that connect, very naturally, Metrology and Experimentation. This task required the creation of new metrological concepts and the redefinition of some others, in a search for necessary and sufficient degrees of precision and selectivity, so as to make it possible to consider and discuss, appropriately, several aspects of the measurement theory, that remain confusing when they are approached with the inadequate tools of the existing theoretical models.

Keywords: Measurand, Inherent uncertainty, definitional uncertainty, target measurement uncertainty, measurement, experimentation, support-system.

Aviso aos leitores

Este trabalho é uma extensão do artigo *"Measurand: a cornerstone concept in metrology"* [1], publicado na revista Metrologia do BIPM em 2008. Trata-se de uma expansão porque, em atendimento às diretrizes editoriais da revista, o conteúdo do artigo findou, após um corte de cerca de 50 %, por ser sensivelmente menor que aquele do trabalho originalmente submetido à revista, o qual já era um resumo de um trabalho mais amplo adrede preparado. Não obstante, ele foi apontado pela revista como um dos artigos de destaque daquele ano (até janeiro de 2023 estavam registrados 1234 downloads: https://iopscience.iop.org/volume/0026-1394/45). Com um tratamento mais conciso, porém, o artigo finalmente publicado acabou por se caracterizar como de maior acessibilidade e de mais utilidade a especialistas em Metrologia. Daí a oportunidade do presente trabalho, o qual comporta uma gama bem mais ampla de conteúdo, acrescido nos últimos anos em relação ao conteúdo original, exemplos práticos profundamente dissecados, e uma discussão mais pormenorizada dos assuntos, o que pode ser útil também àqueles que procuram por uma abordagem mais circunstanciada dos fundamentos da teoria metrológica, especialistas ou não.

Quando o artigo submetido à Metrologia estava sendo escrito vigorava ainda a segunda versão do Vocabulário Internacional de Metrologia (VIM), aqui referida como VIM2 [2, 3]. Atendendo a sugestões de um dos julgadores, foram acrescentados, na última versão do artigo já então aceito para publicação na revista, comentários críticos também com referência a alguns novos conceitos, relacionados ao tema do trabalho, que haviam sido recentemente propostos na terceira versão do VIM (VIM3 [4, 5]), quando de sua publicação no início de 2008. Isto porque uma análise crítica havia sido feita apenas com referência a novos conceitos constantes do rascunho do VIM3 disponibilizado pelo Comitê Conjunto para Guias em Metrologia (JCGM) do Bureau Internacional de Pesos e Medidas (BIPM) para consideração dos Institutos Nacionais de Metrologia. Embora o VIM2 esteja agora obsoleto, comentários e críticas a termos e conceitos nele contidos (tendo sido alguns substituídos ou alterados no VIM3) foram aqui mantidos com o propósito de possibilitar ao leitor uma melhor compreensão do conteúdo e da dinâmica das mudanças levadas a efeito pelo VIM3. Ademais, o VIM2 constitui ainda a base teórica e vocabular do Guia para a expressão de incerteza de medição (GUM) [6, 7, 8, 9]. O GUM2008 [8, 9] leva em conta apenas algumas das alterações mais importantes consignadas no VIM3. Uma nova versão do GUM, com alterações mais profundas, continua ainda em preparação no Grupo de Trabalho 1 do Comitê Conjunto para Guias em Metrologia (JCGM-WG1) do BIPM. A data de entrada em vigor dessa nova versão, inicialmente prevista para 2018, tem sido postergada devido a uma recepção amplamente negativa do primeiro rascunho circulado pelo Comitê. Uma nova versão do VIM (já nomeada VIM4 no site do BIPM) encontra-se também em preparação, com boa possibilidade de edição ainda em 2023. As indicações VIM2, VIM3 (ou GUM2003, GUM2008) são aqui usadas apenas para especificar, dentro do contexto abordado, diferenças conceituais entre versões ou traduções de um mesmo documento. Quando isso não é necessário ou pertinente, escreve-se apenas VIM (ou GUM).

A confecção do cilindro mostrado na **figura 1**, assim como todas as fotos, gráficos, tabelas e figuras apresentadas nesse trabalho são de autoria do autor. É importante ressaltar que as definições apresentadas no Capítulo 3 são também criações do próprio autor. Pretendeu-se que essas definições se caracterizassem por precisão, concisão e abrangência, e também por avalizarem uma concatenação coerente entre os conceitos mais fundamentais da Metrologia, partindo do mais fundamental: a definição de grandeza.

Muito embora algumas dessas definições possam eventualmente parecer "melhores" que as respectivas definições do GUM ou do VIM (ou o serem, efetivamente, pois, afinal, se essa expectativa não existisse, este trabalho não teria sido escrito), são estas últimas que devem ser usadas pela comunidade científica. As opiniões e formulações aqui apresentadas são de responsabilidade do próprio autor, não havendo qualquer tipo oficial de endosso a elas por parte do Inmetro como Instituição.

Os Apêndices constituem leitura adicional, apresentando discussões mais detalhadas e aprofundadas sobre aspectos particulares do assunto principal (o que medimos, porque medimos, como medimos, como declaramos os resultados). Sua elaboração obedeceu a uma estratégia para tornar o corpo do trabalho mais sucinto. Particularmente, o Apêndice A11 trata um exemplo concreto de medição em que são trabalhados de maneira efetiva e realística os conceitos e as ideias adrede aqui apresentados. Ele foi especialmente formulado com o objetivo de esclarecer o significado e enfatizar a importância de alguns conceitos tratados no corpo do trabalho, realçando, por outro lado, certas dificuldades teóricas que podem com frequência decorrer de medições realizadas de acordo com o tratamento proposto no GUM. Dentre essas dificuldades, ressalte-se, como de suma importância, a possibilidade de declaração de uma incerteza final com valor menor que a Incerteza Inerente do mensurando.

Sumário

1. Introdução

É bastante desconcertante o fato de o principal conceito da Metrologia, a própria razão de ser dos processos de medição, o **mensurando**, apresentar tão sérias deficiências em sua própria definição. Isso acontece, inclusive, nas bases contextuais das mais importantes e internacionalmente aceitas publicações metrológicas - o ISO GUM (ou, simplesmente, GUM), e o VIM (Vocabulário Internacional de Metrologia). Trata-se de um problema teórico-conceitual que vai forçosamente se refletir na construção do conceito de incerteza de medição, pois que este é diretamente construído a partir do conceito de mensurando.

Neste trabalho foram tomados como referências principais o GUM (Guia para a Expressão de Incerteza de Medição) [6, 9] e o documento original em inglês do GUM [7, 8] [1], o "Vocabulário internacional de termos fundamentais e gerais de metrologia" (VIM2) [2] e o VIM2 original em inglês [3], o "Vocabulário Internacional de Metrologia - Conceitos Fundamentais e Gerais e Termos Associados", tradução publicada pelo Inmetro em 2009 [4], e a publicação original em inglês, de 2008 [5]. Estes últimos são referidos, atendendo à sugestão proposta por Wallard [10], como VIM3.

O termo mensurando é grafado, neste trabalho, em *itálico e fonte arial* sempre que a referência subjacente seja o conceito da maneira como entendido no GUM. Ao referir uma Nota

---

[1] Uma revisão do GUM foi elaborada em 2008 [8], tendo sido feitas pequenas mudanças com relação ao original de 1995, com alguns poucos acréscimos. O GUM que vigora hoje no Brasil é a tradução oficial dessa versão de 2008. Esse documento foi publicado pelo Inmetro em novembro de 2012, podendo ser baixado gratuitamente no endereço eletrônico do Inmetro http://www.inmetro.gov.br/infotec/publicacoes_avulsas.asp. Adiante-se que essa versão (conhecida como GUM2008) não alterou significativamente as definições contidas nas versões anteriores.

contida no presente trabalho usa-se a primeira letra maiúscula. Quando a referência é a uma NOTA contida em outra publicação, usam-se todas as letras maiúsculas.

Uma ideia correlata ao principal objetivo deste trabalho pode ser plenamente apreciada neste delicioso e ilustrativo excerto de Fox *et al.* [11], que segue abaixo por mim traduzido:

> *".... Tomem-se, como exemplo, medições de comprimento, talvez o tipo mais simples de medição. [...] mas eventualmente chegaremos à seguinte questão: 'O que é o comprimento de um objeto?'. Mesmo uma peça de aço bem polida terá suas superfícies rugosas, muito embora possamos precisar de um microscópio para discernir as ranhuras. Possivelmente a* (uma boa?) *definição de comprimento para tal peça possa ser expressa pela distância entre as [...] linhas que, sendo perpendiculares ao eixo da barra, tocam exatamente as projeções extremas das superfícies paralelas. Isto não resolve o problema, contudo, porque as imperfeições ao longo do comprimento da barra impedem a exata determinação do eixo. Ademais, se pudermos (e desejarmos) levar as medições a uma precisão correspondente ao nível molecular, veremos que nossas superfícies e suas ranhuras estão em constante movimento, o que fará parecerem triviais nossos problemas anteriores. ".* [2]

---

[2] *Take, for example, measures of length, perhaps the simplest type of all. [. . .] but eventually we are up against the question: 'What is the length of an object?' Even a piece of polished steel has its rough edges, though we may need a microscope to see the roughness. Possibly the definition of the length of such a piece should be the distance between the [...] lines which are perpendicular to the axis of the bar and which just touch the outermost projections. This does not solve the problem, however, for the roughness along the long edges of the bar prevents the exact determination of the axis. Furthermore, if we could carry our*

Considerações similares podem ser vistas em Mari [12] e em Phillips et al. [13].

Um conhecimento compreensivo da mais profunda significação do conceito de mensurando é crucial para o entendimento dos processos de medição. Dentro da estrutura de todo campo científico, contudo, a essência das coisas só pode ser percebida e determinada pela sua inequívoca definição. Visto que essa essência é continuamente criticada pelos próprios cientistas, e as ideias decorrentes e as diferentes interpretações são constantemente trocadas e discutidas entre eles, temos sempre um processo contínuo de reconstrução dos conceitos. No curso de uma discussão que se pretenda intelectualmente consequente, a percepção e a avaliação das coisas (entes, relações, propriedades) podem diferir de pessoa para pessoa, mas é necessário que os participantes estejam falando sobre as mesmas coisas durante esse processo. Daí a busca por definições inequívocas (das coisas e dos conceitos).

O desenvolvimento da ciência se processa pela contínua, objetiva e significativa diferenciação dos conceitos que a alicerçam (e eventuais sínteses posteriores: trabalho − calor − entalpia - energia livre - energia potencial - energia cinética − massa - energia). Reconheça-se, porém, que uma definição pode ser considerada inequívoca apenas quando analisada em referência a um contexto histórico específico. Qualquer definição deve ser continuamente aperfeiçoada à medida que novos elementos significativos vão sendo acrescentados à realidade em que ela se insere e para a qual foi criada, ou que elementos antes considerados contingentes vão-se tornando essenciais.

A persistência de um conceito não robusto de mensurando, como o adotado no GUM (em boa parte baseado no VIM), acaba por acarretar consequências bastante negativas,

---

measurements to a precision corresponding to the molecular level, we would find that our rough edges are in motion, making all earlier problems seem trivial.

3

inviabilizando a construção de um conceito robusto de incerteza de medição. O conceito de mensurando não se apresenta, no GUM, como um conceito concreto e positivamente explicitado. O entendimento que o GUM associa a *mensurando*, que é também o mais amplamente adotado e difundido entre os pesquisadores das mais diversas áreas, dá-lhe um caráter de intangibilidade, o *status* de primeiros princípios, como, por exemplo, o conceito de ponto, na Geometria[3]. Não obstante essa frouxidão conceptual no âmbito mesmo de sua própria definição, e apesar disso, todo *mensurando* particular é sempre tratado (no GUM, por exemplo) como possuindo uma significação precisa e determinada, significação essa que se tenta (infrutiferamente, claro!) lograr atingir através de infinitas especificações sucessivas de *mensurandos* cada vez mais especializados. O problema é que, estando baseada naquela definição "aberta" adotada para o conceito de *mensurando* (ver Capítulo 2), a significação (de cada *mensurando* particular) é completamente aberta, não sendo nem precisa nem determinada, podendo gerar diferentes e razoáveis interpretações. Ela não é nem mesmo expressa (não pode ser expressa). É apenas suposta.

---

[3] Note-se, no entanto, que a Geometria, que trata das relações espaciais, não tem por objetivo o estudo do ponto. Daí ser aceitável que este seja tomado como conceito primitivo. O mensurando, diferentemente, constitui o próprio objeto de estudo da Metrologia, assumindo em seu âmbito um lugar central. É ele a construção conceitual, a entidade teórica da qual se deseja obter, se e quando submetido a uma medição, algum conhecimento: magnitude, incerteza na determinação dessa magnitude, FDP representativa da variável aleatória associada, limites inferior e superior para um intervalo correspondente a um nível da confiança requerido etc. Esse mesmo conhecimento é, em geral, meramente subsidiário: um eventual resultado de medição é, muito embora importante, apenas uma informação adicional sobre a grandeza específica contextualizada, que auxilia na análise subsequente sobre a adequação do sistema suporte, e do sistema do qual é parte, para um determinado uso ou aplicação.

É bastante sugestivo o uso, apelativo e recorrente, que o GUM faz da ideia transmitida pela frase "... (**estar, ser**) ...*consistente com a definição do* (de um particular) *mensurando*" (GUM§(B.2.3, D.2.1, D.3.1, D.3.4)). Como é possível se estabelecer concordância com uma definição que só se completa com um número infinito de informações? O curioso é que, nessas ocasiões, transparece patente uma clara alusão à possibilidade de uma definição hipoteticamente objetiva e determinada de um mensurando (com um número finito de informações), coisa que o GUM não contempla, e não uma referência àquela definição "ideal" e "completa" de um *mensurando*, que é a forma por ele adotada.

Um conceito que "*não pode ser completamente descrito sem um número infinito de informações*" (GUM§D.1.1 [6, 9]) não pode, decididamente e definitivamente, ser definido.

Propõe-se, assim, neste trabalho, uma nova definição para o conceito de mensurando, e novas definições para alguns conceitos correlatos. Por suposto, as novas definições propostas apresentam-se mais convenientes e mais apropriadas[4] ao trabalho científico. Elas constituem uma base científica mais segura para a Metrologia, sendo independentes dos pontos de vista associados às diferentes escolas estatísticas. Metrologia não é Estatística, muito embora seja esta importante ferramenta para aquela.

O Capítulo 2 compõe uma discussão sobre como o conceito de mensurando é tratado no GUM e no VIM, e os problemas epistemológicos daí decorrentes. Definições cuidadosamente elaboradas para alguns conceitos básicos são propostas, numa ordem apropriada, no Capítulo 3. O Capítulo 4 apresenta uma ampla discussão desses conceitos e de suas inter-relações no

---

[4] Esta adequação é sempre importante. Basta lembrar que o geocentrismo conseguia explicar, mais ou menos satisfatoriamente, os movimentos celestes, porém à custa de cada vez mais numerosas considerações *ad hoc*, com um número sempre crescente de epiciclos, por exemplo. Uma evidente inadequação.

contexto da medição, tendo sempre em conta o arcabouço mais amplo da Experimentação. Alguns aspectos particulares da Ciência da Medição, e um exemplo concreto, envolvendo o uso dos conceitos aqui discutidos, são tratados nos Apêndices.

2. O conceito de mensurando no GUM e no VIM

Trabalhando principalmente o conceito de incerteza, o GUM, talvez inadvertidamente, não dá a devida importância à necessidade de tratar convenientemente o conceito de mensurando[5]. Pode-se ler, em GUM§2.1: "... **As definições dos mais importantes termos específicos deste** *Guia* **são apresentadas de 2.3.1 a 2.3.6...**". Significativamente, a definição de mensurando não é encontrada entre esses "mais importantes termos", talvez por não ser ele um termo específico do Guia. Uma definição de mensurando é dada apenas no Anexo B, o qual é anunciado em GUM§2.1, também significativamente, como contendo "**As definições de vários termos metrológicos gerais e relevantes para este** *Guia*...". Vê-se, assim, que, nas palavras do próprio Guia, mensurando é reduzido a um termo metrológico de caráter simplesmente geral, com uma importância meramente relevante. É esse um enfoque claramente impróprio: muito embora o Guia verse primordialmente sobre incerteza de medição, termo explícito no próprio título, a verdade é que todas as medições são realizadas com o objetivo precípuo de denotar valores, incertezas inclusive, a um mensurando, o qual deveria ser tratado (e assim também grandeza e incerteza) como um termo primário e fundamental na Metrologia.

O foco principal da medição é sempre conhecer melhor (aumentar quantidade e qualidade de informação sobre) a grandeza específica à qual o mensurando está associado, a incerteza sendo em geral apenas um dos fatores a serem conhecidos. Como principal entidade no âmbito da Medição, é indispensável que o conceito de mensurando seja bem

---

[5] Notar, no que se segue, como antecipado no segundo parágrafo da Introdução, o uso, quando oportuno, da fonte Arial *em itálico* quando o conceito subjacente é próprio do GUM.

definido. A definição do GUM para mensurando é dada em B.2.9: "**mensurando**: grandeza específica submetida a medição"[6], definição essa retirada de VIM2§2.6[7]. Essa assertiva refere uma importância central, infelizmente apenas retórica, para *mensurando*. O VIM3 [4] propõe uma nova definição para *mensurando*: "**grandeza** que se pretende medir". Como notado por Mari [12], esta forma "... enfatiza o fato de que aquilo que é declarado ser a propriedade sob medição pode diferir da propriedade que efetivamente está sendo medida." (tradução do autor). Não obstante, esta nova forma é também vazia de conteúdo como definição para um conceito: nada diz sobre as características do mensurando, ou mesmo sobre a natureza de suas características. Essas definições são tão vagas quanto o seria usar a forma 'material sólido que se pretende comer' para definir o conceito de alimento.

A definição acima (GUM§B.2.9) banaliza o próprio sentido do verbo "definir". Cabem, quanto a isso, três considerações:

1) A definição de *mensurando* é baseada inteiramente na expressão 'grandeza específica'. Grandeza específica, por sua vez, é definida (se a isso se pode chamar definição) e tem sua diferenciação de "grandeza" (em sentido lato) estabelecida a partir apenas do epistemologicamente precário recurso a exemplificação (uma série de três exemplos dados em NOTA em GUM§B.2.1 ou em VIM2§1.1). Quanto ao

---

[6] Nas versões brasileiras do GUM até 2003 [6] e do VIM2 [2] o *a* é craseado, o que não é o mais indicado (claramente, no caso, o artigo implícito é, mais que dispensável, inadequado). Em todas as versões originais, de fato, o artigo está ausente: "... subject to measurement". Na tradução brasileira mais recente (GUM2008 [9]) a crase, corretamente, não aparece. No VIM3 [4, 5] a definição foi alterada.

[7] O VIM2 trazia, além dessa, uma definição adicional, que reforça a importância do conceito, sendo, porém, de pouca ajuda no que respeita à discussão do conceito: "**Mensurando**: objeto da medição.". É esta uma afirmação essencialmente não operacional. Reforça, porém, o que foi dito na Nota 2 sobre a importância do conceito.

VIM3, ele nem mesmo define 'grandeza específica', operando apenas o conceito de grandeza, com a apresentação (1.1 NOTA 1) de uma tabela com diversos níveis específicos para o conceito.

2) A definição de *mensurando*, como apresentada no GUM ou no VIM2, apenas lembra e remarca que uma grandeza específica é (ou passa a ser) chamada de *mensurando* quando submetida a medição. Para o VIM3 isso acontece quando "se pretende" medir a grandeza. Além de insuficientemente rigoroso, esse tratamento não considera o fato de que a existência de um particular mensurando, num nível conjectural, a partir apenas da sua definição, deve independer do fato de ele ser, ou não, e a qualquer época, submetido a medição. Haverá sempre diversas ocasiões em que será interessante uma discussão sobre a significação ou a adequação teórica ou prática de um mensurando (ou um grupo de mensurandos), mesmo quando ainda não tenha ele sido submetido a uma medição (ou mesmo quando nem se tenha a pretensão explícita de fazê-lo). Isso sempre acontece, por exemplo, quando se discute a pertinência mesma de uma definição aventada para um particular mensurando, ou quando da discussão sobre os graus de adequação e conveniência de definições alternativas, dentre as quais, em geral, apenas uma, por se mostrar mais conveniente, será enfim escolhida.

3) No sentido proposto pelo GUM, não há nenhuma diferença relevante entre o conceito de *mensurando* e o conceito de **grandeza específica** (ou **grandeza**, no VIM3).

Para que um conceito exista é necessário que seja prévia e convenientemente definido, de maneira que se possa, pelo menos em princípio, separar as 'coisas' (entes) entre aquelas que 'atendem à definição' e aquelas que 'não atendem à definição'. Tornando mais objetiva essa discussão, pode-se dizer que, dentro da conceituação do GUM, um particular *mensurando* é algo que não pode, mesmo em princípio, ser precisamente definido, visto que sempre lhe estarão faltando infinitas condições a serem especificadas. Desta maneira, toda vez que um hipotético *mensurando* particular é referido, haverá sempre diferentes e infinitas definições (cada uma comportando diferentes alterações, supressões ou acréscimos de especificações) que lhe podem ser razoavelmente associadas. Serão, todas elas, definições de um mesmo *mensurando*[8] particular, apesar de nenhuma delas poder ser considerada, conceitualmente, uma definição de um *mensurando* (porque um *mensurando* particular só pode ser definido por infinitas condições). **O que constitui um dado *mensurando* particular no GUM será, sempre e somente, aquele conceito ideal (indefinido, reafirme-se) para o qual convergiriam, ou se espera que convirjam, sucessivas definições (numa sequência com um número sempre crescente de especificações).** Um exemplo dessa confusão conceptual é dado em GUM§D.3.4:

> "…. *Para obter um valor da grandeza em questão com uma incerteza menor, requer-se que o mensurando seja definido mais completamente.*".

---

[8] É este um caso curioso e impossível em que há infinitas e diferentes definições para o mesmo conceito específico. Suponha-se um **mensurando** utópico ideal M_∞ que, de acordo com o GUM, pode ser especificado apenas por um conjunto D_∞ infinito de condições. Olvidem-se, por um momento, as dificuldades evidentes que se colocam para uma boa apreensão do que seja M_∞. Suponham-se agora três definições concretas (D_1, D_2 e D_3) para esse **mensurando** com, respectivamente, 1, 2 e 3 condições relevantes. Claramente, D_1, D_2 e D_3 se referem a **mensurandos** M_1, M_2 e M_3 com diferentes incertezas intrínsecas (ou incertezas definicionais, segundo o VIM3). Assim, M_1, M_2 e M_3 serão diferentes entre si, sendo então impossível que todos os três sejam simultaneamente iguais a M_∞.

Isto é, de uma maneira bastante curiosa, propõe-se que o *mensurando* seja redefinido, mas, mesmo depois de redefinido, e tendo sido instituída a nova definição, mais restringente, com a qual quase certamente estaria associada uma menor incerteza inerente, ele continuaria sendo ainda o mesmo *mensurando!* Por favor, tenha-se em conta o referido na Nota 8.

Aceita a suposição de que "...em princípio[9], um mensurando não pode ser *completamente* descrito sem um número infinito de informações." (GUM3§D.1.1 [9]), e reconhecido o fato mais fundamental de que não é possível especificar infinitas informações, devemos reconhecer também, forçosamente, que qualquer *mensurando* estará sempre, na prática, especificado a menos de infinitas outras possíveis especificações de estados, parâmetros, condições etc. As hipoteticamente possíveis influências decorrentes dos efeitos associados às especificações não feitas é que dão origem ao que o GUM chama 'componente de incerteza devido à definição (ou descrição) incompleta do *mensurando*', o qual componente "...pode ou não ser significativo para a exatidão requerida da medição." (GUM§D.1.1[10] [9]). Neste sentido, devido à *definição incompleta do mensurando*, a ele estará inexoravelmente associado um conjunto de valores próprios, e não apenas um valor (o qual é algumas vezes, erroneamente, chamado 'valor verdadeiro do *mensurando*'). Note-se que se fala aqui de valores próprios do *mensurando* (desconhecíveis, portanto[11]). Estes valores estão

---

[9] O GUM2003 usa a expressão 'a princípio...', que não traduz o sentido pretendido.

[10] GUM§D.1.1 "...Assim, na medida em que deixa margem a interpretação, a definição incompleta do **mensurando** introduz, na incerteza do resultado de uma medição, um componente de incerteza que pode ou não ser significativo para a exatidão requerida da medição. Ver também a NOTA em GUM§3.1.3.

[11] Desconhecíveis no sentido de que, em geral, não podemos "conhecer o valor" de um mensurando. Após uma medição, o resultado é "atribuído"

11

associados (hipoteticamente: sabe-se que existem, porém não são conhecidos) idealmente ao mensurando **desde antes de uma medição ser realizada**. Não se deve confundir esta noção com o conteúdo expresso na frase "...valores que podem ser razoavelmente atribuídos ao **mensurando**." [GUM§2.2.3]. Esta última frase expressa uma interpretação estatística **do resultado** de uma medição. Trata-se, neste caso, de valores conhecíveis (conhecidos), que expressam uma particular quantificação, que foi proporcionada por uma medição, daqueles valores próprios do mensurando (com um determinado grau de confiança). São valores conhecidos posteriormente à medição, portanto.

A referência "*descrição incompleta do* **mensurando**" carrega duas possíveis interpretações paralelas: num certo sentido pode significar que o responsável pela definição do **mensurando** não achou necessário ou não conseguiu realizar uma descrição completa do **mensurando** de interesse, isto é, não fez uma definição apropriada e conveniente do **mesmo**. Neste caso, podemos supor que o **mensurando**, como definido, não é exatamente aquele que interessava definir. A definição pode ser aceitável, mas não é completa! Aqui, a referência "definição *incompleta do* **mensurando**" é usada propriamente e dá origem, efetivamente, a um componente de incerteza, como descrito acima. Trata-se, no entanto, de uma incerteza que se estabelece com referência àquele mensurando 'que interessava definir', e não ao mensurando efetivamente definido. Num outro sentido, a referência poderia se reportar ao fato geral, acima discutido, de que **todos os mensurandos** são, *ipso facto*, incompletamente definidos. Neste caso, então, a definição pode ter sido feita de forma conveniente e adequada, mas é, ainda assim, incompleta (como não poderia deixar de ser), sendo, portanto,

---

ao mensurando como uma "possibilidade" entre infinitas outras, que podem ser proporcionadas por outras possíveis medições. Somente podemos conhecer "o valor" de um mensurando quando ele é definido e postulado por consenso.

impertinente a referência a uma 'incerteza devida à definição incompleta do *mensurando*'. Ver a Nota 10 e a Subseção 4.2 para uma discussão mais aprofundada.

Não é difícil perceber a inconsistência de tal teoria metrológica, pretendendo-se ela científica. Ela introduz um componente de incerteza cuja existência está associada, não a um *mensurando* que tenha sido própria e concretamente definido, e com o qual se está trabalhando, nem aos processos e procedimentos usados em sua medição e no tratamento de dados, mas, sim, a inefáveis diferenças entre a definição adotada (ou outra qualquer das possíveis, infinitas e concretas definições que poderiam ter sido aventadas) e um ente hipotético (não definido e não definível) que poderia ser rotulado como 'a descrição completa do *mensurando*'. O problema é que a 'descrição completa do *mensurando*' ou, o que é o mesmo, a "definição 'ideal' do *mensurando*", nunca pode ser conhecida. E pode haver, além do mais, diferentes e conflitantes interpretações sobre essa hipotética e ideal "descrição completa". Assim, esse componente de incerteza estaria associado com as diferenças entre a definição concretamente apresentada (que, no entendimento do GUM, não constitui o *mensurando*) e a definição supostamente ideal. Essas diferenças dependem tanto do entendimento que cada observador atribui ao *mensurando* "ideal" em questão, quanto da (mais particular ainda) definição concretamente elaborada para *ele*, o que acarreta uma grande indefinição a esse componente de incerteza, fazendo-o fortemente dependente de ambas as interpretações. Deve-se notar, por fim, que, em geral, esse entendimento está relacionado a considerações não estritamente metrológicas. Com referência a esse ponto, ver adiante o conceito de Grandeza Específica Contextualizada.

A rigor, no contexto teórico adotado pelo GUM, referente ao estabelecimento da definição de mensurando e ao subsequente tratamento do conceito, não cabe lugar a algo como um componente de incerteza devido à "...**definição incompleta do mensurando**". Se isso ocorre é porque a delimitação conceitual consignada em GUM§1.2[12] e em GUM§3.1.3[13] não está sendo seriamente considerada no corpo do próprio Guia. De qualquer maneira, se essa restrição conceitual fosse seriamente obedecida, a Metrologia mesma seria irrelevante, pois praticamente todos os mensurandos, considerados e trabalhados no mundo real da Experimentação, não são efetivamente caracterizados "**por um valor essencialmente único**". Este fato evidencia a inadequação conceptual da definição de *mensurando* adotada pelo GUM para trabalhar os múltiplos pontos de vista pelos quais uma grandeza específica pode ser considerada. A existência dessa multiplicidade de pontos de vista enfatiza a importante realidade experimental caracterizada pelo fato de que uma mesma grandeza específica é (pode ser) considerada, em diferentes contextos, sob diferentes perspectivas e, para cada uma dessas perspectivas, podem ser aventadas diferentes (e quiçá convenientes) definições de mensurandos.

Em GUM§3.3, numa discussão sobre incerteza, lê-se que esta "...*reflete a falta de conhecimento exato do valor do mensurando*...". Essa mesma ideia é expressa, mais enfaticamente, na Introdução:

> "...*e as correções adequadas tenham sido aplicadas, ainda permanece uma incerteza sobre quão correto é o resultado declarado, isto é, uma*

---

[12] GUM§1.2 "Este guia está primariamente relacionado com a expressão da incerteza de medição de uma grandeza física bem definida - o *mensurando* - que pode ser caracterizada por um valor essencialmente único...". [9]

[13] GUM§3.1.3 "Na prática, o grau de especificação ou definição necessário para o mensurando é ditado pela **exatidão de medição** requerida (B.2.14). O mensurando deve ser definido com completeza suficiente relativa à exatidão requerida, de modo que, para todos os fins práticos associados com a medição, seu valor seja único. É nesse sentido que a expressão "valor do mensurando" é usada neste *Guia*" [9]

dúvida acerca de quão corretamente o resultado da medição representa o valor da grandeza que está sendo medida.".

Isto deixa transparecer que o GUM admite seriamente a existência real de algo como o **valor do mensurando**, no sentido de que o *mensurando* (todo e qualquer *mensurando* – pois a referência é genérica) teria, pelo menos em princípio, um valor único exato. Este valor permaneceria inacessível devido unicamente a deficiências incontornáveis presentes no(s) processo(s) de medição. Isso é expresso de maneira peremptória na NOTA 1 do item **B.2.3**, com respeito à definição de valor verdadeiro (de uma grandeza): *"É um valor que seria obtido por uma medição perfeita.".* Tal entendimento é incorreto e mistificante porque transmite a falsa ideia de que as incertezas declaradas são sempre relacionadas unicamente aos processos de medição. Esta noção, longe de ser válida para o caso geral, é apenas uma aproximação, sendo boa somente nos casos em que os componentes de incerteza associados ao processo de medição são fortemente dominantes. Isto pode acontecer, por exemplo, no caso muito particular de um padrão primário ser previamente definido como um mensurando e submetido a medição por um processo não muito elaborado. O GUM não considera explicitamente essas dificuldades. O tratamento desse tema no VIM2 é também ambíguo. Um tratamento aceitável e correto é dado em VIM3§2.11) [4] (**valor verdadeiro duma grandeza**). Os Apêndices A7 e A8 apresentam uma discussão mais detalhada.

A mesma inadequação se daria também com relação ao conceito de erro. Em (2.2.4), ao criticar certos "outros conceitos" de incerteza (dos quais, aliás, não discorda frontalmente), a versão brasileira do GUM2003 [6] diz que "...eles **focalizam grandezas** *desconhecidas*: o 'erro' e o 'valor verdadeiro'...". Ao dizer que são desconhecidas admitiria, implicitamente, que essas entidades existem realmente e

15

possuem um valor determinado. Na realidade, os originais e a última versão brasileira (GUM [7, 8, 9]) dizem "desconhecíveis", em vez de "desconhecidas".[14]

Em GUM§3.1.3 (ver Nota 13), a despeito da viscosidade da frase, oriunda do uso impreciso do termo 'medição' (porquanto a 'exatidão requerida' e os 'fins práticos', no que respeita à definição de um mensurando, estão associados à Experimentação, e não à Medição) e de certo preciosismo de estilo, o conceito de *mensurando* é muito próximo do conceito proposto no presente trabalho, embora, neste item, o GUM esteja tratando um caso muito particular em que a Incerteza Inerente ao Mensurando (ver adiante) é desprezível em relação às incertezas associadas à medição física. Quando este é o caso, com efeito, o valor do *mensurando* é, para todos os efeitos práticos, único. Diz ainda o GUM que a expressão 'valor do *mensurando*' é (deve ser) usada apenas com esse sentido restrito no Guia. É claro que limitar a Metrologia somente a casos desse tipo (mensurando com valor único) seria restringir sobremaneira seu campo de

---

[14] Essa crítica vale integralmente apenas para a versão brasileira de 2003 [6]. As versões originais [7, 8] e a versão brasileira de 2012 [9] são, de fato, menos infelizes: "*Although these two traditional concepts are valid as ideals, they focus on **unknowable** quantities: ...*", fragmento traduzido em [9] como "Embora estes dois conceitos tradicionais sejam válidos como ideais, eles focalizam grandezas desconhecíveis: o 'erro' e o 'valor verdadeiro'.". A referência à tradução do GUM de 2003 foi aqui mantida apenas para remarcar as dificuldades de interpretação que acometem mesmo pesquisadores experientes o suficiente para enfrentar a tradução de um documento tão fundamental para a Metrologia. A crítica ao conteúdo conceitual, no entanto, é válida para todas as versões do GUM, pois é difícil atinar com o sentido da expressão 'válidos como ideais'. Seria uma sugestão de que esses conceitos seriam válidos num contexto teórico idealizado, mas difíceis de serem 'trabalhados na prática'? Mais provavelmente a afirmação está relacionada ao que é dito em GUM§1.2 (ver Nota 12). O erro (de medição), na realidade, pode ser conhecido quando um **valor convencional** é fornecido (ver em GUM3§B.2.19 NOTA1 ou em VIM3§2.16 NOTA1a).

aplicação (pois poucos mensurandos se incluem nesse caso). De todo modo, logo adiante, vê-se, em D.3 (principalmente em D.3.4), que o próprio Guia não obedece à própria recomendação restritiva de considerar como *mensurando* somente aquelas grandezas particulares definidas de acordo com as restrições acima. Neste sentido o GUM omite e desdenha a importância do fato de existir, no exemplo tratado em D.3.4, mais de um valor consistente com a definição do *mensurando* ali trabalhado. Diz, então, que isso acontece *"...por causa de uma definição incompleta do mensurando,..."*[15]. É essa uma justificativa que não se sustenta, visto que, no contexto do próprio GUM (ver D.1.1), todas as definições de qualquer *mensurando* particular são incompletas em algum nível. Essa justificativa é também, por outro lado, uma afirmação claramente falaciosa: usar uma propriedade geral para explicar um comportamento particular desviante.

A pretensão e a expectativa de que os *mensurandos* tenham um valor único, presentes em GUM§3.1.3, baseiam-se numa suposição que permeia todo o trabalho que resultou no GUM. Estão profundamente relacionadas a um argumento não explícito, mas fundamental, porém enganoso: serão sempre desejáveis, para todo e qualquer mensurando em

---

[15] GUM§D.3.4 "...O valor corrigido pode ser denominado a melhor estimativa do valor "verdadeiro"; "verdadeiro" no sentido de que ele é o valor de uma grandeza que se acredita que satisfaça completamente à definição do mensurando. Porém, se o micrômetro tivesse sido aplicado a uma parte diferente da folha do material o mensurando realizado teria sido diferente, com um valor "verdadeiro" diferente. No entanto, aquele valor "verdadeiro" seria consistente com a definição do mensurando porque essa definição não especificou que a espessura era para ser determinada num local em particular sobre a folha. Assim, neste caso, por causa de uma definição incompleta do mensurando, o valor "verdadeiro" tem uma incerteza que pode ser avaliada por medições realizadas em diferentes partes da folha. Em algum nível, cada mensurando tem uma incerteza "intrínseca" que pode, em princípio, ser estimada de algum modo. Esta é a incerteza mínima com a qual um mensurando pode ser determinado, e cada medição que alcança tal incerteza pode ser considerada a melhor medição possível do mensurando. Para obter um valor da grandeza em questão com uma incerteza menor requer-se que o mensurando seja definido mais completamente.". [9]

consideração, cada vez maiores exatidão e precisão. Este tipo de argumento não é consistente com a definição do termo Metrologia. Segundo essa definição, a Metrologia "...engloba todos os aspectos teóricos e práticos da medição, qualquer que seja a **incerteza de medição** e o campo de aplicação." (VIM3§2.2: "Ciência da **Medição** e suas aplicações"). A argumentação de que crescentes exatidão e precisão são desejáveis e indispensáveis pode ser claramente observada em D.3.4 NOTA 2[16]. Afirma-se aí, em resumo, que a obtenção da perfeição na definição de um mensurando somente não se lograria alcançar por motivos de ordem prática: ou por suposições infelizes no processo de definição (alguns parâmetros não teriam sido especificados porque seus efeitos foram, injustificadamente, considerados desprezáveis), ou por implicar condições de difícil realização. Nenhuma palavra sobre o fato corriqueiro de que, muitas vezes, pelas particularidades do uso pretendido (questão ligada à Experimentação), a 'exatidão requerida' é (pode ser, ou deve ser) requerida propositadamente baixa ou, pela própria constituição e conformação particular do **sistema suporte** (ver Capítulo 3), ela é, por si mesma, inapelável e incontornavelmente pequena em comparação com a exatidão que poderiam realisticamente proporcionar processos especiais de medição disponíveis e viáveis.

Mesmo que a quantidade de detalhes na definição de um mensurando seja virtualmente "completa", considerada adequada em todos os sentidos, ainda assim não existiria um valor verdadeiro único, pois que isso depende, em última

---

[16] GUM§D.3.4 NOTA 2 ".... Embora um mensurando deva ser definido com detalhes suficientes para que qualquer incerteza decorrente de sua definição incompleta seja desprezível em comparação com a exatidão requerida para a medição, deve-se reconhecer que isto nem sempre é praticável. A definição pode, por exemplo, estar incompleta porque não especifica parâmetros cujos efeitos possam ter sido, injustificadamente, considerados desprezáveis; ou pode implicar condições que poderão nunca ser inteiramente satisfeitas e cuja realização imperfeita é difícil de ser levada em conta..." [9]. Leve-se na devida conta o uso da forma impositiva "...deva ser definido...".

análise, da referida conformação do sistema suporte e, adicionalmente, da **grandeza específica contextualizada** (ver Capítulo 3). Na realidade, praticamente todos os mensurandos com algum interesse prático ou utilitário, ao serem "**definidos com completeza suficiente relativa à exatidão requerida**", não terão, "para todos os fins práticos associados com a medição", um 'valor único'. Este ponto é também discutido em VIM3 [4] quando das definições dos verbetes *resultado de medição (2.9)*, *valor medido (2.10)* e *valor verdadeiro (2.11)*. A discussão desses problemas, porém, não é facilitada pelas precárias ferramentas teóricas disponibilizadas na teoria metrológica em uso. Isso será discutido mais adiante.

O GUM e o VIM não fazem recomendações com relação às formas corretas de proceder à definição de um mensurando particular. Podemos apenas ter uma noção das formas que se considerariam corretas ou aceitáveis observando os diversos exemplos por eles tratados. É aqui da maior importância ressaltar a forma por eles usada para especificar valores de parâmetros ou grandezas de influência dos quais o mensurando depende: este é geralmente definido para valores únicos e exatos dessas variáveis (ver, por exemplo, GUM§3.1.3 e GUM§D.1.2). Se um mensurando é definido dessa maneira, não se poderia dizer que a **incerteza definicional** "resulta da quantidade finita de detalhes na definição do mensurando". Se os "detalhes" (especificações de valores para grandezas de influência) são especificados como valores únicos e precisos, eles não influenciam (no sentido de tornar maior) a **incerteza definicional**.

3. Definições propostas para conceitos importantes em Experimentação e Medição

Este capítulo apresenta definições formais para alguns conceitos básicos e importantes. Algumas se constituem como definições alternativas a termos já existentes, outras são definições de conceitos novos, adrede criados aqui para possibilitar uma discussão mais palatável em algumas passagens do trabalho. Buscou-se, para cada termo, uma definição formal suficientemente precisa e abrangente para poder ser útil em qualquer contexto de medição. Trata-se de tarefa árdua e complexa, e certamente serão necessárias muitas críticas e muitas contribuições para se atingir um grau razoável de concatenação e complementaridade entre os conceitos. É provável que outros conceitos relevantes tenham de vir a ser criados para dar conta dos variados matizes que um assunto tão rico e amplo pode assumir. Devem-se comparar, sempre que conveniente, as definições aqui apresentadas com aquelas do VIM e do GUM. Observe-se que o termo relevante para a Metrologia é '**grandeza mensurável**', o qual deve ser comparado com '**grandeza**', primeiro termo definido em VIM3§1.1 [4, 5]. Não obstante, o termo 'grandeza' é comumente usado, em geral e por simplicidade, no lugar de 'grandeza mensurável'.

Grandeza: qualquer atributo (aspecto, propriedade ou qualidade) que possa ser atribuído a um corpo ou sistema (gás contido num recipiente, lápis, ano solar, bloco padrão), a um ente ou conceito (pessoa, tensor de deformação, elétron), a um estado físico ou fenômeno (amostra solidificada de água, alinhamento de spins, explosão de uma bomba), ou a quaisquer possíveis componentes dessas entidades, que possa ser qualitativamente e univocamente distinguido e que possa

21

assumir manifestações quantitativamente distintas e determináveis.

Grandeza mensurável: qualquer grandeza à qual se possam atribuir (objetivamente) as categorias matemáticas de "igual a", "maior que", e "menor que", para a qual se possa definir operacionalmente uma quantidade específica como padrão, sendo este referenciado operacionalmente à correspondente unidade, definida e adotada por convenção.

Será sempre necessário estabelecer processos e procedimentos operacionais factíveis para a comparação de quantidades particulares de uma grandeza mensurável com a correspondente quantidade de referência, da mesma natureza, tomada como padrão.

Na expressão "grandeza mensurável" o qualificativo se aplica genericamente à categoria de grandeza (comprimento, tempo, massa...) a que se refere. Com respeito a cada grandeza particular referente a uma categoria, ela será mensurável apenas retoricamente: só poderá ser efetivamente medida se estiver realmente disponível para medição (seria temerário supor que conseguiríamos medir, hoje, especificamente, a altura máxima, em elocução habitual, da voz de Cleópatra ou o peso da primeira onça avistada pelos portugueses em terras brasileiras). Ademais, o qualificativo deve ser entendido também como "mensurável em princípio", pois em qualquer tempo haverá grandezas mensuráveis não reconhecidas como tais, outras exigiriam, para sua medição, sofisticação técnica e pessoal especializado não encontráveis em qualquer situação ou laboratório e, para outras, ainda não se terão desenvolvido processos adequados ou confiáveis de medição: a intensidade de uma paixão ou de uma dor, a temperatura no núcleo de uma estrela distante. Outras grandezas são (ou serão) atributos de entes que, no presente, não possuem existência real (é perfeitamente escusada, aqui, a falta de exemplos, a não ser retroativamente: no Império Romano a polarização de um feixe de luz laser não era uma grandeza reconhecida como mensurável e não havia, portanto, um processo para sua medição), enquanto outras, ainda, tornar-se-ão esquecidas para sempre.

A mensurabilidade é um aspecto contingente de uma grandeza: está relacionada a fatores culturais, científicos e técnicos de uma sociedade num determinado estágio de desenvolvimento. A este propósito, será bastante proveitosa uma leitura do trabalho de revisão de Gionvanni Battista Rossi [14] sobre essa questão: *o que pode ser medido?*

A definição exclui, obviamente, vetores, tensores e matrizes como exemplos de grandezas mensuráveis: não se lhes aplicam os conceitos matemáticos exigidos na definição (somente o da igualdade).[17] Não obstante, componentes escalares dessas entidades podem se caracterizar como grandezas.

Não se devem confundir o próprio objeto com a qualidade (dele) que está sendo medida. Esta (qualidade) é uma grandeza que pode ser avaliada, medida, comparada quantitativamente com outras de mesma espécie; aquele (objeto) é um ente que não pode ser quantitativamente comparado, para o qual não se aplicam os conceitos de 'maior' ou 'menor' (embora se apliquem os conceitos de 'igual' e 'desigual'). A afirmação "A mesa *A* é maior que a mesa

---

[17] A nova versão do VIM [4] considera vetores e tensores como grandezas (VIM3§1.1 NOTA 5). Ver Apêndice 10.

B" possui um sentido apenas contextual, não metrológico: imagine-se a comparação quantitativa entre uma mesa alta e estreita e uma mesa baixa e larga. É esse um exemplo de uma comparação que tem algum sentido apenas no contexto em que é proposta.

Não é correto (metrologicamente) usar expressões do tipo "medir a mesa". Podem-se medir, por exemplo, o comprimento, a massa, a altura da mesa. São esses atributos da mesa que podem ser quantitativamente comparados. Para um objeto se emprega o conceito de caracterizar. A caracterização de uma mesa, por exemplo, é feita por uma série de resultados de medições (de grandezas consideradas relevantes para um caso específico; altura, largura, massa, cor, diâmetro dos suportes etc) e por uma série de especificações qualitativas (com quatro pés, com frisos nas laterais, de aço, de madeira, superfície lixada, superfície esmaltada, de jantar, de escritório, de cozinha etc). Um vetor velocidade, por exemplo, pode ser caracterizado por um conjunto de componentes escalares, cada componente escalar sendo uma grandeza mensurável.

São grandezas mensuráveis, nesse sentido amplo: comprimento, tempo, massa, viscosidade, densidade, módulo de aceleração, componentes escalares de um tensor de deformação, temperatura...

Uma discussão mais detalhada pode ser vista nas referências [14, 15, 16].

Grandeza (mensurável) específica: grandeza mensurável cuja natureza e razão de ser foi associada a um sistema, a um corpo, a um ente ou a um fenômeno, sendo, a partir de então, e em consequência, entendida e tratada como atributo específico desse fenômeno, ente, corpo ou sistema.

Exemplos: comprimento de uma mesa, massa de uma determinada peça de aço, módulo da velocidade de um foguete numa específica conjuntura, condutividade térmica de uma dada barra de cobre, temperatura de uma determinada sala. Como já discutido acima, mesmo sendo, em princípio, mensurável, uma particular grandeza específica, para ser efetivamente medida, com resultados úteis, deve estar disponível e acessível na forma de um mensurando realizado e ter sido definida, anteriormente, mesmo que de maneira implícita, como um mensurando.

Sistema suporte: o corpo, o sistema, o ente ou o fenômeno (ou parte de uma dessas entidades) que serve de base ou suporte para a **Grandeza Específica Contextualizada (GEC)** (que é a grandeza específica que interessa conhecer - ver próximo item). O **sistema suporte**, que deve ser sempre muito bem caracterizado, se constitui como o sistema de real e efetivo interesse, do qual a **Grandeza Específica Contextualizada** é um atributo e para a qual se pretende definir um **mensurando associado**. Sua constituição (extensão, orientação, conformação, existência temporal, intervalo de temperatura ou de pressão em que existe etc.) deve ser bem estabelecida e caracterizada pela **GEC**, e claramente reportada na definição do mensurando. Isto porque os resultados de uma medição são pertinentes apenas àquele mensurando que foi efetivamente associado àquela **GEC** que, por sua vez, está associada, como atributo, ao **sistema suporte** considerado. Dentro de um contexto experimentacional, um sistema suporte é, em geral, parte de um sistema maior.

Considere-se o sistema: peça cilíndrica de metal, de comprimento aproximado de 10 cm e diâmetro aproximado de 3 cm. Pode-se estar interessado, por algum motivo experimentacional, que deve ser levado em conta na caracterização da grandeza específica contextualizada, em conhecer o diâmetro D_a ao longo de todo o cilindro, ou o diâmetro D_b ao longo de uma região de 2 cm de extensão num dos extremos. No primeiro caso o sistema suporte será composto pela região cilíndrica ao longo de toda a peça, no segundo caso o sistema suporte será composto apenas pela região cilíndrica de interesse (2 cm), delimitada no extremo selecionado do cilindro. Nestes casos, os diferentes sistemas suportes dariam origem a diferentes Grandezas Específicas Contextualizadas, e diferentes mensurandos seriam associados às GECs correspondentes. Medições realizadas para determinar D_a processam-se de maneira diferente de medições realizadas para determinar D_b. É claro que, numa situação particular, pode até acontecer de os resultados encontrados para D_a e D_b serem semelhantes, mas em geral não o serão. E, de qualquer maneira, esses resultados, mesmo se eventualmente iguais, servem a diferentes objetivos e diferentes aplicações.

Outras grandezas também podem ser importantes para modelar o sistema suporte, como o tempo (intervalo de tempo em que a grandeza deve ser considerada), a temperatura, a pressão etc. Essas grandezas, que devem ser muito bem especificadas na definição do mensurando, são consideradas grandezas de influência apenas quando variam fora do seu intervalo de delimitação especificado.

No caso de um intervalo de tempo, o sistema suporte seria composto pela maneira de delimitar, dentro do comportamento temporal dos sinais de início e de término do referido intervalo, os gatilhos de disparo. Isto porque esses sinais, eles próprios, têm uma extensão temporal. Imagine-se a determinação da duração do dia pelos sinais compostos pelo nascer e pelo pôr do sol. O sinal de início seria dado pelo aparecimento dos primeiros raios de sol num telescópio. Primeiros? Quais intensidades devem ser consideradas? E qual o papel das erupções solares?

Variáveis ou condições que conformam o sistema suporte de maneira significativa devem ser também levadas em conta. Por exemplo, se o cilindro sempre trabalha ou é usado entre as temperaturas de 90 °C e 110 °C, ou numa determinada posição, isso deve ser considerado pela GEC e pelo mensurando associado.

Grandeza específica contextualizada (GEC): grandeza específica considerada de uma perspectiva experimentacional bastante peculiar, abrangente e contextualizada, e que envolve um conhecimento profundo e adequado (proporcionado por sua definição) do **sistema suporte** do qual é atributo, da natureza da grandeza específica, e dos usos e aplicações que se pretende dar a resultados de eventuais medições a que algum mensurando a ela associado venha a ser submetido. A **grandeza específica contextualizada** (GEC) se manifesta (deve se manifestar) como um adequado e compreensivo entendimento de todos os aspectos experimentacionais envolvidos. Eventuais resultados de medição podem e devem prover um ainda melhor conhecimento da GEC e, por conseguinte, do sistema suporte e, em última análise, do próprio sistema em estudo. A GEC é a expressão do nosso desejo, ou da nossa necessidade, de estudar e conhecer uma grandeza específica para um fim particular. Uma mesma grandeza específica pode ser considerada de diferentes maneiras, dependendo do contexto experimentacional, e cada uma dessas distintas maneiras constituirá uma GEC diferente.

A contextualização de uma particular grandeza específica é importante porque, em muitos casos, esta pode estar definida de maneira muito vaga, o que será sempre motivo para mal-entendidos, inviabilizando um uso profícuo dos resultados de uma medição. Não obstante, em casos em que o risco de má interpretação seja muito remoto, a definição da GEC pode ser coincidente com a própria definição da grandeza específica.

Todos os esforços despendidos em definir o **mensurando**, preparar o **mensurando realizado**, realizar a **medição física**, calcular e expressar os decorrentes resultados duma medição são promovidos exatamente com o objetivo de chegar a um melhor conhecimento da **grandeza específica contextualizada**. É importante notar que a GEC não constitui, por si mesma, um conceito estritamente metrológico. Ela não se compõe, em cada situação particular, como uma definição formal, acabada e operacional, como acontece com o **mensurando**, mas o entendimento que carrega relaciona-se estreitamente à adequação e à conveniência de aspectos funcionais, técnicos, econômicos, científicos ou de outro qualquer caráter experimentacional, tendo a ver principalmente com a aplicação que se pretende dar a possíveis resultados de medições, ou com as informações que se pretende obter do estudo daquele assunto que está a demandar uma interpretação particular (contextualizada) para certa grandeza específica. A GEC liga-se ao âmbito da Medição através da definição de um mensurando associado (eleito entre várias opções), tornando esta atividade uma parte importante, e por vezes determinante, da Experimentação. Nesse sentido, a GEC poderá, com base nas informações disponíveis sobre o **sistema suporte** e as aplicações pretendidas para os resultados de uma medição, determinar e estabelecer um limite superior (desejado ou necessário) para a incerteza de medição (**incerteza-alvo** [VIM3§2.34]). Essa incerteza-alvo deve ser especificada na definição do mensurando associado escolhido e, eventualmente, num **procedimento de medição** [VIM3§2.6]. O contexto em que os possíveis resultados de eventuais medições (ou discussões) serão usados pode ser, inclusive, puramente metrológico, mas, mais frequentemente, terá um caráter experimentacional mais geral.

A formulação inadequada ou o entendimento incorreto da GEC invalidará todos os esforços subsequentes da medição. Por suposto, espera-se que a GEC seja completamente representada pelo mensurando associado escolhido. Pode ser árdua e nada fácil a tarefa de fazer com que o mensurando a represente de forma cabal. Há que usar arte e engenho.

Como exemplo, suponha-se que queremos conhecer a temperatura de uma determinada sala de aula (chamá-la-emos S). Assim, a **Grandeza Específica** será expressa como: "Temperatura da sala de aula S". Suponha-se que o resultado servirá como subsídio para a decisão sobre instalar (ou não) um sistema condicionador de temperatura ambiente (e sobre que tipo de sistema usar). Neste caso a **Grandeza Específica Contextualizada** deverá ser definida (entendida, contextualizada), *grosso modo*, como: 'Temperatura da sala de aula S, avaliada de maneira que possa ser útil para o estudo do conforto térmico dos alunos e professores. As temperaturas em locais muito próximos das fontes de calor (lâmpadas, aquecedores etc.) não devem ser consideradas. O levantamento deve levar em conta, principalmente, as regiões da sala ocupadas pelos alunos e professores e os períodos e horários letivos.'. Serão diversos (geralmente são infinitos) os mensurandos que poderão ser definidos para representar, de maneira razoável, essa **GEC**. Listem-se alguns: M1≡Temperatura média de S avaliada por medições realizadas no centro da sala durante um dia todo. M2≡Temperatura média de S avaliada por medições realizadas em 10 pontos distribuídos pelo ambiente todo da sala, durante um dia todo. M3≡Temperatura média de S avaliada em 10 pontos distribuídos pelo ambiente da sala até 2 m de altura, durante um dia todo. M4≡Temperatura média de S avaliada em 10 pontos distribuídos pelo ambiente da sala até 2 m de altura, nas horas letivas de um dia. M5≡Temperatura média de S avaliada em 10 pontos distribuídos pelo ambiente da sala até 2 m de altura, nas horas letivas de um dia, durante um mês todo. M6≡Temperatura média de S avaliada em 10 pontos distribuídos pelo ambiente da sala até 2 m de altura, nas horas letivas, em um dia de cada semana dos meses letivos de um ano. M7≡Temperatura média de S avaliada no centro da sala, nas horas letivas de um dia, durante os meses letivos de um ano. M8≡Temperatura média de S avaliada em 10 pontos distribuídos pelo ambiente todo da sala, nas horas letivas de um dia, durante os meses letivos de um ano. M9≡Temperatura média de S avaliada em 10 pontos distribuídos pelo ambiente da sala até 2 m de altura, nas horas letivas, em todos os dias de um ano todo. M10≡Temperatura média de S avaliada em 10 pontos distribuídos pelo ambiente da sala até 2 m de altura, durante o dia todo, durante um ano todo. Fique claro que, nas definições acima, omitiram-se outras condições importantes, como velocidade do ar, presença ou não de pessoas na sala etc. Dado o objetivo a que se destina o conhecimento da grandeza específica, parece evidente que, dentre os mensurandos acima, M6 é aquele que melhor representa essa **GEC**. Isto porque, em detrimento dos outros mensurandos propostos, deve-se considerar, por exemplo, que os alunos e professores não ficam todos concentrados no centro da sala, raramente um aluno terá mais de 2 m de altura (e em geral estará sentado), a temperatura em períodos não letivos não afeta os alunos. Se, por outro lado, o conhecimento dessa grandeza específica (Temperatura da sala de aula S) fosse apenas subsidiar uma decisão sobre alterar (ou não) os horários e os períodos letivos, sem nenhuma restrição, a **GEC** seria outra, e poderia ser mais bem representada pelo mensurando M9. Muito embora, neste caso, talvez fosse conveniente estender o período de medição para três ou mais anos. É claro que, nas considerações acima, não foram levados em conta diversos outros fatores limitantes, como urgência, recursos econômicos etc.

Mensurando: grandeza específica contextualizada, caracterizada e particularizada por um conjunto finito e determinado de especificações, o qual conjunto define suas peculiaridades e o contexto ambiental e temporal em que ela existe metrologicamente e no qual deve ser medida, e cujas propriedades e comportamentos se pretende conhecer ou discutir. O conjunto de especificações, cujo atendimento é compulsório, deve caracterizar os intervalos das grandezas de influência em que a GEC é considerada e o ente do qual a grandeza (e daí o **mensurando**) é atributo, isto é, o **sistema suporte**.

Cada especificação deve ser feita com o estabelecimento de limites mínimo e máximo para a condição considerada. Uma condição de horizontalidade, por exemplo, não deve ser feita estabelecendo simplesmente que 'o **sistema suporte** deve ser medido na posição horizontal'. Há que se especificar um valor mínimo e um valor máximo para o ângulo entre o **sistema suporte** e a horizontal local, a não ser que essa condição seja pouco relevante metrologicamente e possa ser tomada como uma condição qualitativa ou mesmo uma condição intrínseca (ver Apêndice A6).

As especificações são compulsórias no sentido de que devem ser atendidas integralmente em cada 'boa' medição do mensurando. Por exemplo, se a definição de um mensurando especifica que ele foi considerado existir numa dada temperatura T, podendo variar no intervalo $\Delta T = T_2 - T_1$, a medição deve ser feita com um número suficiente de indicações que cheguem a cobrir, de maneira razoável, todo esse intervalo ΔT especificado. Uma medição feita num ponto apenas desse intervalo, ou num intervalo muito menor que o especificado, poderá proporcionar um resultado absurdo, isto é, uma incerteza de medição menor que a **incerteza inerente**. Isso quase certamente acontece em situações em que os valores próprios do mensurando, no intervalo considerado para o parâmetro de especificação (no caso acima, a temperatura), apresentam grandes variações, em comparação com a precisão que o sistema de medição usado pode proporcionar.

Tendo já sido o mensurando estabelecido por uma definição de consenso, não faz sentido considerar, adicionalmente, as grandezas que o circunscrevem e o delimitam (tempo, temperatura, frequência, umidade, posicionamento...), enquanto variando nos intervalos delimitados na definição, como **grandezas de influência** (VIM2§2.7) ou **grandezas de entrada** (VIM3§2.50) contribuintes à incerteza associada à **medição física**. Tais delimitações determinam a **incerteza inerente**, e esta não depende da **medição física** (quando realizada corretamente). Na realidade, para que a **incerteza inerente** se concretize plenamente, a medição deve se processar, obrigatoriamente, de modo a cobrir inteiramente e adequadamente cada um dos intervalos propostos para as variáveis na definição do **mensurando**.[18]

Por exemplo, suponha-se que estamos interessados na corrente elétrica que flui por um fio durante um específico intervalo de tempo de 15 minutos. O valor nominal da corrente é 10 A, com flutuações próprias da ordem de 100 mA. A medição é feita com um dispositivo de medição de alta **sensibilidade** (VIM3§4.12), que permite precisão de 1 mA, e todas as variáveis de influência foram rigorosamente controladas dentro dos respectivos limites estabelecidos na definição do mensurando. As

---

[18] O conceito de **grandeza de influência** usado aqui (e alhures, no presente trabalho) é aquele consignado no GUM (GUM2008§2.7 [8, 9]). A nova versão do VIM altera o conceito de uma forma drástica: uma **grandeza de influência** é uma "**Grandeza** que, numa **medição** direta, não afeta a grandeza efetivamente medida, mas afeta a relação entre a **indicação** e o **resultado de medição**." (VIM3§2.52 [4]). A NOTA 2 a este item do VIM diz expressamente:

"No GUM, o conceito "grandeza de influência" é definido como na 2a edição do VIM, contemplando não somente as grandezas que afetam o **sistema de medição**, como na definição acima, mas também aquelas que afetam as grandezas efetivamente medidas. Além disso, no GUM, este conceito não está limitado a medições diretas."

Trata-se de alteração inapropriada: a Metrologia, segundo essa nova versão do VIM, fica carente de um conceito que faça referência às grandezas que influenciam diretamente o valor do mensurando. Isso é grave, pois se trata de um conceito importante e necessário na teoria. O conceito a ser criado para referir tais grandezas poderia ter um dos seguintes nomes:

GRANDEZA DE INFLUÊNCIA CIRCUNSCREVENTE, ou

GRANDEZA DE INFLUÊNCIA RESTRITORA (RESTRICTOR QUANTITY), ou

GRANDEZA RESTRITORA DO MENSURANDO (MEASURAND RESTRICTOR QUANTITY).

flutuações que serão observadas na medição são, portanto, da ordem de 100 mA. Nessas condições, os valores obtidos durante o intervalo especificado de 15 minutos devem ser considerados valores próprios do mensurando, cada um deles sendo um legítimo **valor verdadeiro**. As possíveis e prováveis diferenças nos valores obtidos pela medição (realizada dentro dos 15 min) não devem ser atribuídas a uma variável (grandeza de influência) chamada tempo, pois as indicações foram obtidas dentro do intervalo especificado na definição do mensurando. Não devemos encarar o valor médio (a estimativa) como "o valor" daquela corrente, e considerar os valores fora da média como devidos a flutuações estimuladas pela 'grandeza de influência tempo'. Aquela corrente (naquele fio, naquele intervalo de tempo) não pode ser pensada como tendo um valor único. Essas flutuações serão, em sua maior parte, decorrentes da não unicidade do valor do mensurando, e compõem o valor da incerteza inerente. Por outro lado, se todas as medições forem feitas num intervalo de apenas 1 minuto, é possível (e provável) que as flutuações observadas componham um valor para a incerteza padrão menor que a incerteza inerente do mensurando, constituindo um absurdo. Não se deve esquecer que a definição especificou, entre outras coisas, 'a corrente que flui num específico intervalo de 15 minutos', não havendo restrições, portanto, a possibilidade de que haja ou não grandes oscilações em seu valor durante esse intervalo de tempo. Todos os valores de corrente durante aquele intervalo são valores próprios do mensurando. Neste particular caso, as flutuações observadas durante a medição não devem (não podem) ser atribuídas à **incerteza de medição instrumental** (VIM3§4.24), ou à incerteza decorrente da medição física; elas têm sua existência ligada intrinsecamente (quase exclusivamente) à definição do mensurando. Apenas flutuações que ocorrerem fora do intervalo de 15 minutos especificado na definição, e que tenham sido porventura medidos, podem ser associadas à incerteza da medição física. Não obstante, um estudo da influência do tempo nas flutuações da corrente, durante os 15 minutos estabelecidos, pode ser feito usando métodos de análise de variância (ver Nota 24 adiante).

De alguma maneira, cada especificação equivale a uma restrição sobre as situações ou condições em que o mensurando, idealmente, deve ser medido. Quanto maior o grau de restrição estabelecido para um parâmetro ou grandeza de entrada, menor é sua correspondente contribuição para a **incerteza inerente**. Indicações obtidas em condições em que valores de grandezas de influência (uma ou mais de uma) estejam fora dos limites estabelecidos ensejam contribuições de incerteza associadas à **medição física**. Uma restrição absoluta, como acontece no caso de a especificação determinar, em vez de um intervalo, um valor único exato (p. ex.: "A medição deve ser feita na temperatura de 24 °C.") para uma grandeza da qual o mensurando depende, implicaria uma contribuição nula para a incerteza inerente. Esse tipo de especificação não é metrologicamente correto, e deve ser evitado, por carecer de sentido. Não é possível realizar uma medição controlando qualquer variável de influência em um valor exato por um intervalo de tempo finito. Na prática, quando a especificação de uma condição é feita por um valor exato, supõe-se, com boa vontade, que foi deixada a critério do metrologista responsável pela medição a tarefa de estabelecer, de maneira razoável, os limites mínimo e máximo para o parâmetro correspondente.

Após a medição, os resultados são, em geral, atribuídos ao mensurando como se as especificações tivessem sido feitas para valores exatos (em geral os valores médios dos intervalos especificados) das variáveis da qual depende. Isso é razoável, mas deve-se atentar para o fato de que tais resultados (a estimativa e a incerteza) são dependentes dos intervalos em que as variáveis de influência em questão são definidas.

Os resultados de uma medição podem ser importantes por si mesmos (serão usados num certo contexto metrológico) ou por subsidiarem diretamente uma ampliação de conhecimento sobre o sistema suporte (advertindo sobre melhores possibilidades de aplicação para ele ou para o sistema de que faz parte). Essas circunstâncias determinarão quais e quantas condições (explícitas) serão arroladas na definição de um **mensurando associado**. As especificações podem incluir indicações compulsórias sobre estados físicos, valores de parâmetros, orientações espaciais e restrições geométrico-topológicas e temporais, procedimentos, métodos a serem seguidos, incerteza-alvo etc. Algumas especificações podem ser objeto de normas e regulamentos já existentes. Em casos mais simples, a definição do mensurando poderá ser idêntica à expressão verbal mais corriqueira da interpretação (mental) da grandeza específica contextualizada a que se refere (Ex.: comprimento de uma mesa de jantar). Assume-se que todos os aspectos relevantes da GEC são tomados em conta na definição de um mensurando associado. Condições não mencionadas devem ser consideradas como tendo efeito irrelevante nos resultados de uma medição (se isso não acontece, a definição precisa ser mudada para levar esse fato em conta). Em muitos casos, algumas especificações não são explicitadas, mas devem ser, de maneira razoável, consideradas como implicitamente formuladas. O contexto, em geral, contribui para uma boa decisão.[19]

Mensurando realizado: o sistema (já existente ou adrede criado) que foi preparado de maneira a representar apropriadamente o mensurando, apresentando-se como candidato a ser objeto de uma medição. Deve sempre atender às especificações elencadas na definição do mensurando.

O mensurando realizado consiste basicamente no sistema suporte preparado para a medição. A preparação do sistema pode envolver a realização de operações compulsórias (determinadas na definição do mensurando) ou eletivas, com o objetivo de melhor atender à definição do mensurando, e pode também estar sujeita ao atendimento de instruções sobre técnicas e estratégias de medição (orientação e disposição espacial de partes de dispositivos auxiliares, dimensões e materiais de que os suportes de sustentação devem ser feitos, meio físico no qual a medição deve ser realizada) e sobre os instrumentos de medição a serem usados. Acima de tudo, o metrologista deve ter na devida conta a correta compreensão da GEC associada. A uma mesma definição de mensurando podem corresponder infinitos mensurandos realizados (com graus distintos

---

[19] Adiante-se que não existe, absolutamente, algo como "a definição correta de um mensurando". Existem, sim, diferentes graus de adequação à correspondente grandeza específica contextualizada. Mesmo no caso em que a medição de uma grandeza é regulamentada por normas, a definição contida na normalização é (supostamente) apenas uma de inúmeras possíveis definições adequadas, e nem sempre a mais adequada. Será, quase certamente, a mais adequada (ou aceitável) no próprio contexto (universalidade, simplicidade, custos razoáveis...) que levou àquela normalização.

de adequação). Grande parte da arte/ciência da Metrologia reside na elaboração de um **mensurando realizado** (ou preparação do mensurando) em acordo com a definição do mensurando. Também em decidir qual (ou quais) dos possíveis e diferentes mensurandos realizados, eventualmente usados em diferentes laboratórios, mais adequadamente representa(m) o mensurando. Assim, qualquer resultado de medição estará primariamente relacionado ao **mensurando realizado associado** em que a medição foi realizada, e somente secundariamente ao próprio **mensurando**.

Incerteza Inerente ao Mensurando (IIM): contribuição à incerteza de medição cuja origem pode ser atribuída exclusivamente às particularidades definicionais do mensurando em questão.

Seu valor é determinado pelo número de condições associadas à definição do mensurando e pelos respectivos graus de restrição estabelecidos em cada condição. Relembre-se, aqui, que a definição do mensurando inclui a caracterização do **sistema suporte** (ente do qual a grandeza específica é atributo), o que inclui sua extensão, duração, defeitos estruturais, limites etc.

A IIM é o mínimo valor de incerteza que pode ser corretamente associado a uma estimativa de um mensurando, sendo seu valor devido exclusivamente à definição deste mensurando. Este limite mínimo pode ser atingido assintoticamente por um contínuo refinamento dos processos de **medição física** que torne desprezíveis os componentes de incerteza a eles associados. Neste caso, é o desvio-padrão, e não o desvio-padrão da média, que deve ser associado à incerteza Tipo A. Cada GEC tem uma família (aberta) de **mensurandos associados**, e cada **mensurando** nessa família tem sua própria **incerteza inerente**. O valor da incerteza inerente corresponde, em geral, e *grosso modo*, à metade da diferença entre o maior e o menor valor que podem ser, razoavelmente, considerados como valores verdadeiros próprios do mensurando.

Mensurando associado: expressão usada para referir que um particular **mensurando** está (ou espera-se que esteja) relacionado a uma determinada **grandeza específica contextualizada**, ou ainda a um determinado **mensurando realizado**.

Mensurando realizado associado: expressão usada para referir que um particular **mensurando realizado** está (ou espera-se que esteja) relacionado a um determinado **mensurando** ou a uma determinada **grandeza específica contextualizada**.

Medir: estabelecer e realizar os procedimentos (inclusive os cálculos necessários) para obtenção de uma estimativa de um mensurando que possa ser quantitativamente e univocamente relacionada à unidade de medida correspondente, e exprimir o resultado obtido para a estimativa e para a incerteza combinada, com declaração, quando praticável, do nível da confiança associado com o intervalo de abrangência adotado como adequado e do número de graus de liberdade associado à medição realizada.

> Inclui a realização do mensurando, isto é, a definição do mensurando realizado (nem sempre uma definição formal) e sua preparação (ou elaboração física). Não inclui a definição do mensurando: como este não tem existência concreta antes de ser definido, a ação de 'definir um particular mensurando' não pode estar incluída na ação de 'medir um mensurando'. A

definição de um mensurando deve preceder a ação de medir, pois, antes de ser particularizado por uma definição, ele pode existir apenas como um projeto de mensurando. O processo de medir envolve a plena compreensão dos pontos arrolados na definição do mensurando (e da GEC) e a escolha dos métodos e dos processos de medição, quando não estabelecidos na própria definição do mensurando.

Medição: ato de medir.

A medição deve ser consistente e se processar de acordo com a definição do mensurando. ASSIM, EM PRINCÍPIO UMA MEDIÇÃO DEVERIA, TEORICAMENTE, COBRIR CADA ESTADO E SITUAÇÃO EM QUE A GEC É RECONHECIDA OU CONSIDERADA COMO O MENSURANDO EM QUESTÃO, DE ACORDO COM A DEFINIÇÃO DESTE ÚLTIMO. No entanto, com um número finito de indicações, como é sempre o caso, não é possível fazer uma medição cobrindo todos os infinitos estados em que a grandeza específica contextualizada pode existir (previstos ou permitidos pelas especificações feitas quando da definição do mensurando). Como cada um desses estados apresenta um valor verdadeiro próprio, qualquer medição se processa obtendo apenas uma amostra da população de resultados possíveis. Além do mais, quase certamente uma parte das indicações, devido às incertezas do processo de medição empregado, estará fora da distribuição dos **valores próprios** do mensurando. Portanto, o número de indicações a serem obtidas deve ser condizente com a qualidade (representada pela incerteza-alvo ou pela exatidão) que se pretende para o resultado da medição. Uma discussão pertinente sobre o problema de estimar e estipular um número adequado e pertinente de indicações ou repetições a ser usado em uma medição é feita em [17].

Medida: resultado de uma medição.

Medição física: parte do ato de medir que inclui a realização do mensurando (definição e elaboração do mensurando realizado), a decisão sobre os procedimentos de medição (número de indicações e condições em que são realizadas (distribuição espacial e temporal, valores ou estados das diferentes condições relatadas na definição do mensurando, sensibilidade e precisão a serem usadas), a operação do sistema de medição e a obtenção dos dados primários (indicações).

A medição física não inclui o tratamento dos dados primários, o cálculo dos valores de saída e nem a expressão dos resultados. Este conceito não se configura como de relevante importância do ponto de vista metrológico. É aqui colocado, no entanto, por ser útil como conceito auxiliar para a discussão de certos aspectos da teoria e dos procedimentos metrológicos.

Valor próprio (do mensurando): qualquer um dos valores que um mensurando assume (em geral um número infinito) quando o sistema suporte está num estado condizente com as especificações reportadas na definição do mensurando.

Com respeito ao conceito "valor de um mensurando", pode ser interessante rever o item 3.1.1 do GUM:

> *"3.1.1 O objetivo de uma medição (B.2.5) é determinar o valor (B.2.2) do mensurando (B.2.9), isto é, o valor da grandeza específica (B.2.1, NOTA 1) a ser medida. Uma medição começa, portanto, com uma especificação apropriada do*

mensurando, do método de medição (B.2.7) e do procedimento de medição (B.2.8).

NOTA O termo "valor verdadeiro" (ver Anexo D) não é usado neste Guia pelas razões dadas em D.3.5; os termos "valor de um mensurando" (ou de uma grandeza) e "valor verdadeiro de um mensurando" (ou de uma grandeza) são tidos como equivalentes."

Deve-se tomar algum cuidado com a adversativa "ou" usada na NOTA acima. Metrologicamente, as indicações e os valores finais obtidos numa medição estão associados, primariamente, estritamente e biunivocamente ao MENSURANDO REALIZADO. Estarão associados apenas univocamente ao MENSURANDO e à GEC!! Estarão associados à GRANDEZA ESPECÍFICA de uma maneira, em geral, pouco estrita! Num contexto experimentacional, essas associações podem ser mais livres.

4. Discussão

Os primeiros três conceitos definidos no capítulo anterior não apresentam grandes dificuldades, possuem caráter filosófico bastante geral e, se não fogem ao escopo do presente trabalho, sua discussão demandaria um esforço não condizente com a extensão para ele pretendida. Estarão sendo aqui discutidos os conceitos mais diretamente relacionados à Medição.

4.1 Grandeza específica contextualizada - GEC

A importância e a necessidade de definir o conceito de **grandeza específica contextualizada** estão ligadas ao fato de que a mesma **grandeza específica** pode ser vista sob diferentes perspectivas, dependendo das aplicações pretendidas ou, mais genericamente, do escopo experimentacional em que sua existência sobressai. A **GEC** é a **grandeza específica** que se pretende conhecer ou discutir, e que move nosso interesse metrológico, mas cuja importância é, em cada caso particular, determinada mais frequentemente por interesses não estritamente metrológicos.[20] A GEC tem a ver com a seguinte questão: para quais passadas, presentes ou futuras situações são relevantes as informações e os conhecimentos que a medição de um **mensurando associado** poderá proporcionar? E como serão usados esses conhecimentos e essas informações? Essa questão está enraizada no senso comum. Antes da fase de definir o mensurando é necessário encontrar uma boa (conveniente) compreensão da GEC.

---

[20] Quando a FIFA está interessada em normalizar as dimensões dos campos oficiais de futebol a GEC correspondente está relacionada a um interesse esportivo. Quando o BIPM está incentivando trabalhos de seus membros visando à definição da temperatura de um novo ponto fixo a GEC é de interesse metrológico estrito.

Para chegar a essa compreensão é importante conhecer, em cada caso específico, os máximos e os mínimos valores das grandezas de influência (extensão, temperatura, umidade, pressão, iluminação, vibração, tensão mecânica, tensão elétrica, frequência etc.,) em que o sistema em estudo trabalha ou é usado (ou pode ou deve trabalhar ou ser usado), qual porção ou parte do sistema constitui essencialmente o **sistema suporte**, qual intervalo temporal configura esse **sistema suporte**, sua posição e orientação quando em uso, os graus aceitáveis de contaminantes, e assim por diante. Dada uma grandeza específica particular associada com um **sistema suporte** (por exemplo, a temperatura numa região especifica de uma câmara climática), o número de GECs que podem ser apropriadamente associadas com ela será pelo menos igual ao número de diferentes aplicações (nas quais essa grandeza hipoteticamente exerce papel relevante) imaginadas para o sistema. Ademais, haverá um número infinito de mensurandos que podem ser associados com cada GEC[21]. Uma compreensão incorreta e/ou uma inadequada formulação da **grandeza específica contextualizada** podem inviabilizar o uso subsequente dos resultados de medição.

4.2 Incerteza inerente (ao mensurando) IIM

Dada uma caracterização que delimita uma **grandeza específica contextualizada** nos intervalos estabelecidos para as grandezas de influência, pelo menos para as mais relevantes, essa descrição deve ser tomada seriamente como definindo o

---

[21] Uma afirmação mais fraca pode ser vista em Pavese [18]: 'There are as many measurands as there are artifacts...'. É esta uma afirmação mais fraca no sentido de que para um mesmo sistema, ente ou fenômeno (resumidos acima na palavra "artifacts') pode haver mais de um sistema suporte, para um mesmo sistema suporte pode haver mais de uma GEC, e para uma mesma GEC haverá, em geral, uma infinidade de mensurandos associados adequados. Escolher, dentre todos os possíveis mensurandos, GECs e sistemas suportes, quais seriam os mais indicados, depende de um profundo conhecimento do contexto experimentacional.

mensurando. É claro que outras especificações, dentre infinitas possibilidades, poderiam ter sido feitas. Se não o foram é porque o mensurando de interesse é exatamente como especificado e deve estar, portanto (supostamente), em acordo com a GEC. Independentemente de ser ou não submetido a medição, este mensurando já terá, a si associado, uma correspondente contribuição de incerteza com um valor pertinente apenas ao grau de especificidade usado na sua definição. Qualquer que seja o nível de refinamento atingido no processo de medição quanto ao controle das grandezas de influência (para ser mais geral, das situações experimentais) que afetam a grandeza medida, quanto à qualidade dos instrumentos ou quanto à experiência dos operadores, o valor dessa contribuição persistirá como um limite mínimo para a incerteza que pode ser corretamente associada ao mensurando. Este valor mínimo corresponde à Incerteza Inerente ao Mensurando.[22] Se outras condições mais restringentes são incluídas na descrição prévia, teremos uma nova definição que representa, em princípio, um novo mensurando. A este novo mensurando corresponderá uma nova Incerteza Inerente, menor que (ou igual a) aquela do primeiro mensurando. Será igual, é claro, se as condições acrescentadas forem metrologicamente irrelevantes. De maneira bem geral, se as condições que definem o mensurando são alteradas, tem-se um novo mensurando, com uma diferente IIM, seu valor podendo ser maior, igual a ou menor que o valor da IIM anterior.

---

[22] O VIM3§2.27 considera um conceito aparentado: '*Incerteza definicional*'. Este é mencionado brevemente, com o nome de '*Incerteza Intrínseca*' em GUM§3.4. Optou-se aqui por manter o nome '*Incerteza Inerente*' em lugar de '*Incerteza Definicional*', como em VIM3, principalmente por conveniências argumentativas, numa busca por minimizar possíveis fontes de confusão: o conceito '*Incerteza Inerente*' se aplica num contexto teórico (neste trabalho) em que o conceito de mensurando é diferente daquele existente no GUM e nas três versões do VIM. Ver Apêndice A5

O novo conjunto de especificações corresponde a uma nova definição de mensurando (em suma, a um novo mensurando). Se a nova definição apenas acrescenta novas especificações e não altera as anteriores, tem-se um novo mensurando que é mais refinado, ou mais especializado que o anterior. Considerem-se as seguintes definições de mensurandos: *Mensurando A: Velocidade do som no ar, na temperatura* $T = (273 \pm 2)$ *K e pressão* $p = (1,01 \pm 0,08) \times 10^5$ *Pa. Mensurando B: Velocidade do som no ar seco de composição* $N_2 = 0,781\pm0,008$, $O_2 = 0,209\pm0,008$, $Ar = 0,0093\pm0,0005$ *e* $CO_2 = 0,00035\pm0,00005$, *na temperatura* $T = (273,5 \pm 0,5)$ *K e pressão* $p = (1,013 \pm 0,005) \times 10^5$ *Pa.* Os mensurando A e B são associados com a mesma grandeza específica (velocidade do som no ar), e possivelmente com a mesma GEC, mas o mensurando B é mais especializado e possui uma incerteza inerente menor.[23]

Consideremos dois mensurandos que tenham sido definidos da mesma maneira, a menos de uma condição que, por suposição, possui alguma relevância experimentacional. O fato de essa condição ser, eventualmente, metrologicamente irrelevante implica que os valores das respectivas incertezas inerentes são iguais, mas nunca que os dois mensurandos são iguais. Os mensurandos serão sempre diferentes e, embora a condição que os diferencia possa ser metrologicamente irrelevante em grande parte das situações de medição, não o será sempre, e a informação (física, química, sociológica...) contida na sua diferenciação conceptual pode ser (fisicamente, quimicamente, sociologicamente...) relevante, ou mesmo fundamental, para a compreensão do fenômeno em estudo.

---

[23] A definição do mensurando B restringe o universo de amostras de ar (mensurandos realizados) em que as medições podem (devem) ser realizadas, e o universo (de amostras de ar) aos quais os resultados se podem aplicar. O mensurando A pode apresentar composições que extrapolam os limites estabelecidos para o mensurando B. Além disso, os intervalos de temperatura e pressão especificados para A são maiores. Ver Apêndice A3 para uma discussão adicional desse tópico.

Em geral, sempre se poderá buscar por uma medição, a ser feita com um nível suficiente de exatidão, que torna qualquer condição fisicamente relevante em condição relevante também metrologicamente.[24]

Desejando-se estudar um mensurando, ou sua evolução, em função de uma dada grandeza de entrada[25] (variável física, ou parâmetro, ou condição que afeta a grandeza medida), este mensurando deverá ser explicitamente especificado num intervalo dessa variável, o qual é, em geral, determinado por interesses experimentacionais. Por outro lado, quando o contexto assim o permite, pode-se ter um entendimento mais abrangente, no sentido de que este intervalo possa estar especificado de modo implícito. Neste caso o intervalo é indeterminado e poderá ser estendido de acordo com a conveniência ditada pelas circunstâncias impostas à medição pela necessidade de uma boa compreensão do fenômeno em estudo. Este cuidado (dentro do modelo teórico) no processo de definição do mensurando é necessário para que haja a garantia de que ele (mais apropriadamente, o mensurando realizado) esteja sempre coerente com a definição adotada, isto é, seja sempre o mesmo mensurando quando da ocorrência de qualquer condição (valor da grandeza de entrada em questão) especificada na definição. Se, durante uma medição da velocidade do som no ar, a temperatura está em 270 K, o resultado eventualmente obtido não poderia ser associado nem ao mensurando A, nem ao mensurando B, mencionados anteriormente. Isso só seria possível com a definição de um novo mensurando C, num intervalo de

---

[24] Em geral, no dia a dia de trabalho, um torneiro faz a medição do diâmetro de uma peça usinada logo após o torneamento. Uma especificação que exija que a medição seja feita com a temperatura da peça entre 22 °C e 26 °C será metrologicamente relevante apenas a partir de certo nível de exigência quanto à incerteza-alvo.

[25] Ver GUM§H.5 **Análise de variância**.

temperatura estendido, e que englobasse a temperatura de 270 K.

Depois de definido um mensurando, podem-se adotar duas abordagens distintas no seu estudo. Uma primeira abordagem consiste em fazer uma média sobre todas as observações realizadas (indicações, ou valores medidos) para diferentes conjuntos de valores das grandezas de entrada que afetam seu valor. Neste caso o resultado exprimirá correta e simplesmente o **valor do mensurando naqueles intervalos considerados** para as grandezas de entrada. Nesta abordagem, a medição deve captar estatisticamente (com uma amostragem conveniente) os valores próprios (verdadeiros) do mensurando para diferentes valores das diversas grandezas de entrada, distribuídos nos intervalos de definição dessas grandezas de influência (a distribuição pode ser uniforme ou obedecer a alguma outra função densidade, como no método de Monte Carlo com importância de amostragem – *importance sampling*). Um número muito pequeno de indicações comporá uma amostra pobre para captar estatisticamente os valores próprios do mensurando decorrentes dos intervalos estabelecidos para as diferentes variáveis de influência na definição. Neste caso, um estudo deverá indicar uma incerteza a ser associada a essa insuficiente varredura das grandezas de entrada envolvidas. A segunda abordagem consiste na pretensão de estudar o comportamento do mensurando (dos valores medidos) com relação a variações efetuadas numa particular grandeza de entrada. A conveniência de cada abordagem depende do uso que se pretende dar aos resultados, deliberação essa que, em geral, é tomada *a priori* (com relação à medição). A decisão sobre qual aplicação será usada, de qualquer maneira, não é de caráter estritamente metrológico, mas, sim, metodológico. O número de pontos de medição a ser obtido dependerá de fatores eminentemente experimentacionais: que grau de credibilidade se pretende conferir à função que eventualmente será associada à distribuição observada dos pontos experimentais, ou à própria distribuição obtida. Em qualquer caso, esse número será tanto maior quanto maior for a flutuação das medidas no intervalo considerado.

O acréscimo de uma especificação não torna a medição do novo mensurando mais difícil ou trabalhosa. Muitas vezes, pelo contrário, torna-a mais fácil. *Exemplo: Mensurando D: Temperatura de uma sala de aula no dia 10/12/2021. Mensurando E: Temperatura de uma sala de aula no dia 10/12/2021, entre 14 h 20 min e 16 h 20 min.* A medição do mensurando D é mais trabalhosa pois exige, além de uma média espacial realizada na sala, também uma média temporal durante todo o dia especificado. No caso do mensurando E exige-se a mesma média espacial e uma média temporal apenas entre *14 h 20 min e 16 h 20 min.* Em geral, porém, um grande número de especificações implica um grande trabalho na realização do mensurando, principalmente se as especificações são muito restritivas (por exemplo:" ...na temperatura de $(22,00 \pm 0,01)°C...$").

O valor da **incerteza inerente** é determinado, em resumo, pela 'largura intrínseca' da distribuição dos valores próprios da **grandeza específica contextualizada** (que depende da conformação da entidade no domínio delimitado para constituir o **sistema suporte**) e da extensão em que são especificados os limites para as grandezas de influência. Listam-se, abaixo, os fatores responsáveis pela realização plena do valor da **incerteza inerente** em uma particular medição:

> (1) A "largura intrínseca" da **grandeza específica**, no domínio do **sistema suporte**, considerada numa situação em que se mantém constantes os valores de todas as variáveis que afetam a grandeza medida. Essa "largura" depende das delimitações que foram delineadas, no sistema objeto do estudo, para compor o **sistema suporte**, e da conformação resultante para a **grandeza específica** neste

domínio: em geral, quanto maior a extensão do **sistema suporte**, maior será essa "largura intrínseca".[26]

(2) Flutuações dos parâmetros ou das grandezas que afetam a grandeza medida quando se processam dentro dos respectivos intervalos especificados na definição do mensurando;

(3) Variações nas condições de influência especificadas (consideradas aqui, por conveniência, como condições qualitativas), quando ocorrem dentro dos respectivos escopos estabelecidos na definição do mensurando;

(4) Variações ou flutuações (desde que aceitáveis ou toleráveis) de condições e grandezas de influência (virtualmente infinitas) que não foram especificadas na definição do mensurando. Por exemplo, trepidação, posicionamento do sistema suporte, grandezas consideradas equivocadamente irrelevantes etc.).

O alargamento reportado no item (1) acima será mais ou menos importante de acordo com a maior ou menor dependência do mensurando com relação às variáveis que afetam a grandeza medida, e só se completa se a medição cobrir (estatisticamente) toda a extensão do sistema suporte.

---

[26] Se superfícies paralelas de um bloco possuem imperfeições da ordem de 0,1 mm, medições consecutivas de comprimento do bloco poderão compor indicações que diferirão por valores dessa mesma ordem de grandeza (serão normais valores da ordem de 0,2 mm), mesmo quando todas as grandezas de influência são mantidas constantes. Em geral, muitas dessas flutuações terão valores maiores que isso, o que dependerá da precisão proporcionada pelo procedimento de medição adotado quando aplicado num mensurando de valor único. Variações nos valores das grandezas de entrada relevantes que afetam a grandeza medida, incluídas ou não na definição do mensurando (mas supostamente dentro dos limites especificados, ou considerados razoáveis), contribuem para alargar ainda mais a dispersão dos valores medidos.

Por outro lado, o valor da incerteza inerente somente se realiza plenamente numa medição se forem adequadamente cobertos todos os intervalos de especificação das variáveis que afetam a grandeza medida e todas as outras condições relacionadas na definição do mensurando, isto é, se se realizam também plenamente os três últimos fatores acima.

As incertezas associadas com o estabelecimento experimental das condições de influência especificadas, e com as eventuais flutuações dessas condições para além dos limites estabelecidos na definição, estão relacionadas apenas com o processo de medição, não compondo a incerteza inerente.

4.3 O mensurando

A contribuição fundamental deste trabalho é a proposta de que um mensurando particular deve ser percebido, apreendido e sempre considerado exatamente como especificam os termos de sua definição. Assim, mensurando é definido como uma **grandeza específica contextualizada**, particularizada por um grupo finito e determinado de especificações. Esta definição estabelece limites mais claros para o conceito, permitindo uma clara e inequívoca separação entre entidades que são mensurandos e entidades que não são mensurandos. Não menos importante, a cada mensurando corresponderá um grupo de especificações, e vice-versa. Cada mensurando particular apresenta um único e determinado valor de **incerteza inerente**. Com isso, a Metrologia fica livre daquele conceito de mensurando adotado pelo GUM, cujo caráter é assaz evasivo e difuso.[27]

Deve-se levar em conta que, em geral, algumas condições podem ficar subentendidas quando da definição de um mensurando, o que não constituirá problema se isso estiver

---

[27] Este caráter pouco preciso conferido ao conceito de mensurando pelo GUM é, curiosamente, remarcado como constituindo um atributo positivo por Phillips *et al* [13, Capítulo 2].

devidamente acordado entre os interessados. Diz-se, neste caso, de condições ou especificações implícitas. Porém, havendo discrepâncias de entendimento, será imprescindível que as especificações sejam feitas de maneira explícita, buscando-se a melhor concordância possível. Se uma condição ou grandeza de influência não tem limites estabelecidos é porque sua influência é considerada irrelevante para qualquer possível situação dessa condição, ou valor dessa grandeza, o que é equivalente a especificar limites infinitos.

A descrição detalhada do mensurando e o acordo sobre as condições e as especificações delimitantes, inclusive sobre aquelas implícitas, são importantes no sentido de evitar os mais diversos tipos de problemas, principalmente o dispêndio de tempo e energia em discussões intermináveis sobre resultados eventualmente não concordantes de medições efetuadas, por distintos laboratórios, sobre mensurandos que podem ser, em suma e ao cabo, diferentes entre si.[28] Por outro lado, resultados discrepantes podem advir também de diferenças entre mensurandos realizados. Assim, um cuidado especial deve ser dedicado à preparação do mensurando para a **medição física**. Remarque-se que constituem situações bastante diversas. No primeiro caso, os mensurandos, que se supõe serem iguais, são, de fato, diferentes (diferentes definições). No segundo caso, trata-se de um único mensurando, porém os mensurandos realizados associados,

---

[28] No tratamento dado pelo GUM esse aspecto só pode aparecer marginalmente dentro da teoria. Como as possíveis redefinições apenas aproximam o *mensurando* do *"mensurando ideal"*, todas as aproximações são consideradas como constituindo o mesmo *mensurando* ou, algumas vezes, apenas simples aproximações do mesmo *mensurando*. Não obstante essa dificuldade conceptual, e até imprevistamente, o mesmo tipo de preocupação também é externada no GUM (8, GUM2008§D.3.4–NOTA 3): "Uma especificação inadequada do mensurando pode levar a discrepâncias entre os resultados de medições de grandezas pretensamente semelhantes realizadas por diferentes laboratórios". Tradução direta do autor.

trabalhados nos distintos laboratórios, seriam diferentes entre si.

Dentro deste novo contexto teórico deixam de existir os conceitos trabalhados no GUM como *descrição incompleta do mensurando* e sua correspondente *incerteza intrínseca* associada. Continuarão certamente existindo, no dia a dia dos laboratórios, mensurandos eventualmente mal descritos, ou impropriamente descritos, ou descritos de maneira que não representam convenientemente a grandeza específica contextualizada. Serão esses, no entanto, problemas afetos aos personagens envolvidos na situação experimentacional em questão (órgão de normalização, empresas interessadas, pesquisadores, metrologistas), ligados a sua competência, dedicação, atenção, e método empregados, não mais estando esses problemas relacionados estritamente à Metrologia, isto é, a inconsistências da teoria.

Todo mensurando particular, com sua específica definição, admite (diferentemente do que acontece no modelo metrológico do GUM) um valor também específico para a incerteza inerente, o qual valor pode constituir um componente importante no resultado final da declaração de incerteza. O que comanda essa importância é a relação entre o grau de especificidade aplicado à definição do mensurando e o grau de refinamento aplicado à medição. Dado um mensurando (sua definição), à medida que refinamos os processos de medição o valor da incerteza inerente passa a ser cada vez mais importante na composição do valor final da incerteza combinada. Esse é um fato que pode encorajar a realização de novas definições (outros mensurandos), ou mais refinadas interpretações para a GEC, ou mesmo estimular a busca por (ou a construção de) um novo ente ou sistema, ou a delimitação de um novo sistema suporte, o que pode contribuir para um conhecimento mais aprofundado do sistema de interesse ou do fenômeno estudado.

Desde que se tem um mensurando inequivocamente descrito e uma incerteza inerente não nula associada a essa descrição (definição), segue-se então que haverá, associado ao conceito referido como 'valor do mensurando', um conjunto de valores, e não apenas um valor único. **Mais que isso**, deixa de fazer sentido, inclusive, o conceito de 'valor de um mensurando' quando entendido como '**valor único de um mensurando**'. Tanto a representação ideal quanto a especificação quantitativa de um mensurando deve ser feita **por um intervalo de valores**. Todo mensurando possui não um valor verdadeiro único, mas um conjunto de valores igualmente "verdadeiros" que o representa, situados num intervalo que é tão mais estreito quanto maior a quantidade de condições especificadas e quanto maior o grau de restritividade dessas condições. O conceito de valor (único) de um mensurando pode ser uma aproximação válida apenas quando o valor da incerteza inerente é insignificante em comparação com o valor da incerteza associada a um específico processo empregado na medição. Conquanto possam existir casos desse tipo, mormente quando padrões de alto nível são medidos com o uso de instrumentos cujas calibrações os situam em posições bem inferiores da cadeia de rastreabilidade, eles não são comuns no mundo da Medição.

Dentro deste novo tratamento dispensado a mensurando deixa claramente de fazer sentido, também, o conceito mesmo de **valor verdadeiro**. É este um conceito que teria sentido somente quando associado a um mensurando definido com um número infinito de especificações absolutamente restritivas, como, por exemplo, intervalos nulos de delimitação para as grandezas de influência. Mas isso inclui, por exemplo, especificações espaço-temporais tão restritivas que tornam um mensurando assim definido impróprio para uso metrológico (comparações e intercomparações não poderiam ser feitas, pois haveria apenas um resultado possível, aquele obtido de um mensurando realizado associado (que é) único, e que não pode, portanto, constituir um padrão itinerante)[29]. Tornam também desinteressante, para qualquer uso prático, a própria grandeza específica contextualizada (os possíveis resultados de uma medição teriam validade e se aplicariam apenas naquelas mui restritas condições definidoras do mensurando). Em outras palavras, todo **mensurando** tecnicamente e cientificamente significativo em qualquer contexto experimentacional possui uma **Incerteza Inerente** não nula. Não obstante isso, a Metrologia usa amiúde, ao definir seus padrões, adequar o grau de restrição das especificações ao nível de incerteza (em geral pequeno) pretendido.

Há um entendimento generalizado que atribui apenas aos processos de medição a origem das incertezas em medição. Isto pode ser visto, implicitamente declarado nos próprios títulos escolhidos, nas publicações das versões[30] brasileira, portuguesa, francesa, italiana e espanhola do GUM. Embora os

---

[29] Seja lembrado que uma condição fundamental para o exercício da Ciência é que seus resultados possam ser, em princípio, falseados (no sentido em que o termo é usado por Kall Popper [19]). Isto, numa interpretação mais abrangente, significa que qualquer experiência, para ter relevância científica, deve poder ser duplicada.

[30] **Inglês:** Guide to the expression of uncertainty in measurement
Alemão: Leitfaden zur Angabe der Unsicherheit beim Messen
Português (IPQ/2003): Guia para a Expressão da Incerteza de Medição
Português (Inmetro/2003): Guia para a Expressão da Incerteza de Medição
Português Inmetro/2012): Guia para a expressão de incerteza de medição
Francês: Guide pour l'Expression de l'Incertitude de Mesure
Espanhol: Guía para la expresión de incertidumbres de medición
Italiano: Guida all'espressione dell'incertezza di misura

Esta não é uma discussão meramente acadêmica, pois os nomes ou designações das coisas e dos conceitos carregam referências culturais, denotações e pré-conceitos que podem induzir concepções ou compreensões equivocadas ou mesmo indesejadas da própria coisa ou conceito em questão. Observe-se que o espanhol apresenta uma pequena divergência (para melhor) em relação às outras línguas neolatinas: diz, corretamente, "expresión de incertidumbres', e não "de las". Essa falha, que existia também na versão brasileira de 2003, foi corrigida na última versão do GUM publicada pelo Inmetro (2012), como se pode ver acima.

títulos nas versões inglesa e alemã façam referência a '...*incerteza em Medição*', as versões acima mencionadas fazem referência a '...*incerteza de medição*'. Nos títulos das versões inglesa e alemã, incerteza é, corretamente, associada (pelo uso da preposição *em*) com o resultado que surge ou surgiria quando um mensurando é submetido (realmente ou supostamente) a medição, o que deixa margem à suposição de que parte do valor da incerteza estaria associada com o processo de medição propriamente dito, e parte seria inerente à própria definição do mensurando. Já para os títulos nas outras línguas (com o uso da preposição *de*) o entendimento explícito e único é o de que a incerteza estaria associada somente com o processo de medição. Esta divergência conceitual observada nas traduções do título do GUM pelas línguas neolatinas não parece estar relacionada a qualquer deficiência interpretativa dos metrologistas latinos. É mais provável que tenha se propagado a partir da versão francesa e decorra de trabalhos de tradução feitos, sem uma crítica ulterior, com base nessa versão e não diretamente do inglês (o GUM original é publicação bilíngue). Será conveniente aqui que o leitor releia a definição do conceito expresso pelo verbo 'medir' dado no Capítulo 3. Notar que o processo de definição de um mensurando não faz parte do ato de medir, o que pode ser observado também no conteúdo do conceito expresso no VIM ([4], VIM3§2.1): "**Medição: Processo de obtenção experimental dum ou mais valores que podem ser, razoavelmente, atribuídos a uma grandeza**".

As particularidades definicionais do mensurando, moldando e afixando o valor da Incerteza Inerente, constituem-se como um dos fatores que contribuem para a dispersão das indicações em contextos de repetitividade e de reprodutibilidade. Mas a incerteza inerente não deve ser entendida como um componente de incerteza adicional a ser somado quadraticamente com os outros componentes para obter a variância combinada. Se os contextos acima são válidos, as variações decorrentes associadas à Incerteza

Inerente já estarão consignadas nos valores medidos ou nas indicações obtidas na medição. O valor da Incerteza Inerente de um mensurando pode ser avaliado usando um processo de medição suficientemente refinado.

Por fim, será conveniente remarcar um ponto importante, porém nunca devidamente ressaltado na literatura. Não se devem confundir, ou tomá-los como exatamente equivalentes, o rótulo nominal que representa o tamanho de uma grandeza específica com o particular mensurando que foi eventualmente adotado como associado à GEC correspondente. Assim, o *comprimento da mesa M* é, em geral, apenas um rótulo nominal. Deve estar sempre presente que, após uma medição, associar o resultado ao rótulo *comprimento da mesa M* é uma atitude assaz inespecífica, isto é, pouco objetiva. Para evitar possíveis mal-entendidos, a maneira correta é associar o resultado da medição ao particular mensurando associado que foi (eventualmente) adotado para representar a GEC correspondente àquele rótulo *comprimento da mesa M*. Isto porque, relativamente ao mesmo rótulo (*comprimento da mesa M*), medições realizadas em diferentes mensurandos associados correspondentes à mesma GEC (ou a GECs distintas associadas à mesma grandeza) apresentarão, em geral, resultados que podem ser genuinamente diferentes.

4.4 Sistema suporte

O conceito de **sistema suporte** foi aqui criado para subsidiar uma completa e pormenorizada compreensão do fenômeno (ou ente, ou sistema) que se está a estudar e que se deseja conhecer, possibilitando que os resultados da medição possam ser associados, de maneira inequívoca, a um particular **mensurando associado**. Este **mensurando** é definido sempre em acordo com o entendimento proporcionado por uma **GEC**, a qual deve estar inequivocamente associada ao **sistema suporte** de interesse, o qual, por seu turno, é uma parte do sistema em estudo ou, em alguns casos, pode mesmo constituir inteiramente o próprio sistema (ou ente, ou fenômeno).

5. Conclusão

A conclusão fundamental que se pode extrair das discussões levantadas neste trabalho é que, na realidade, e diferentemente do que diz o GUM (a saber: "3.1.3 **Na prática, o grau de especificação ou definição necessário para o mensurando é ditado pela exatidão de medição (B.2.14) requerida....**" - ver continuação na Nota 13), é a medição (qualquer medição) que deve ser feita com a **exatidão de medição** suficiente requerida ou estabelecida, em geral pela **incerteza-alvo**, mesmo quando não explicitamente declarada, na definição do mensurando. Este, por seu turno, deve ser definido com completeza suficiente relativamente às demandas (usualmente de caráter não metrológico) ditadas por uma adequada compreensão da **grandeza específica contextualizada**, cuja contextualização é sempre feita de acordo com a realidade experimentacional vivenciada.

Uma suposição básica subjacente ao tratamento dado pelo GUM ao conceito de mensurando é a de que todas as medições devem ser realizadas com o maior nível metrológico possível, isto é, com a incerteza tendendo a zero. Este trabalho tenta mostrar que esta é uma suposição incorreta, mesmo quando a mensuração é feita para atender a interesses estritamente metrológicos.

No campo da Experimentação, cada medição deve ser realizada, sempre e apenas, com o nível metrológico mais adequado e, como visto acima, este nível é ditado pelo contexto experimentacional ainda numa fase anterior à medição (muito eventualmente englobando inclusive considerações metrológicas). Será mera coincidência se esse nível metrológico mais adequado for igual ou semelhante ao mais alto nível metrológico encontrável dentro de certo contexto histórico, o qual, aliás, pode balizar e limitar certas veleidades irrealizáveis quando do estabelecimento da **incerteza alvo**. Constituindo-se como uma Teoria da Medição, a Metrologia deve tratar uniformemente, e como conceitualmente equivalentes, todas as medições, independentemente do seu nível metrológico, como, aliás, sugerido em VIM3§2.2 NOTA: "A Metrologia engloba todos os aspectos teóricos e práticos da medição, qualquer que seja a incerteza de medição e o campo de aplicação". Precisaríamos acrescentar: ...e qualquer que seja a incerteza inerente (ou definicional) do mensurando.

O modelo adotado pelo GUM não provê uma terminologia adequada para a diferenciação entre dois mensurandos quando um deles é derivado do outro pela adição, subtração ou alteração de condições especificativas dos conteúdos definicionais. Essa omissão terminológica torna bastante problemáticas as discussões envolvendo a interpretação sobre o quão adequadamente um mensurando (assumindo diversas definições alternativas) representa uma grandeza específica contextualizada (GEC), e torna também problemático o acompanhamento da evolução que naturalmente se processa na significação de uma GEC com o progresso da Ciência e das técnicas. É exatamente a possibilidade de haver diferentes opiniões sobre qual seria a melhor interpretação para uma GEC associada a uma particular grandeza específica, mesmo quando todas as interpretações consideradas são igualmente possíveis e, quiçá, adequadas, que respalda a razoabilidade da ideia de que um mensurando deve ser entendido e considerado exatamente como explicita sua definição: diferentes definições, diferentes mensurandos. Assim, a obtenção de resultados diferentes para diferentes mensurandos associados à mesma GEC implica diferentes interpretações e conhecimentos sobre o sistema em estudo. É nesse sentido que, neste trabalho, se procurou introduzir, na teoria da Medição, alguns novos conceitos, mormente os conceitos de mensurando (em contraposição ao conceito mensurando do GUM), grandeza específica contextualizada, mensurando realizado, sistema suporte e incerteza inerente ao mensurando. Nesse mesmo sentido, se procurou, também, elaborar as definições desses e de outros conceitos de uma maneira precisa e inequívoca.

Em qualquer contexto experimentacional, deparamo-nos de maneira frequente e ressurgente, e pelos mais diversos motivos, com uma necessidade ou conveniência de melhor conhecer o sistema em estudo. Isso pode envolver a necessidade de conhecimento quantitativo de uma ou mais de uma grandeza do sistema. Cada uma dessas grandezas específicas estará ligada ou pertencerá também a uma parte do sistema, e cada parte pode vir a se constituir como um sistema suporte.

A Experimentação/Medição se desenvolve em termos que podem ser resumidos como a seguir. Com base nas necessidades da Experimentação elabora-se (talvez apenas mentalmente) uma **GEC** para cada **grandeza específica** de interesse pertencente ao sistema (ou ao sistema suporte) que se pretende melhor conhecer. Consideremos uma **GEC** em particular. Faz-se uma definição de **mensurando associado**, já levando em conta a interpretação adotada para essa **GEC**. Isso implica a existência de uma **incerteza inerente** associada a esse **mensurando**.

Algumas vezes pode ser interessante, ou necessário, antes de proceder à **medição**, estabelecer uma **incerteza-alvo**, cujo valor deve ser declarado na própria definição do **mensurando**. Essa **incerteza-alvo** não pode ser estabelecida com valor menor que a **incerteza inerente**, já de antemão automaticamente determinada (apesar de não conhecida) quando da definição do **mensurando**. Se o contexto experimentacional é tal que a **incerteza-alvo** resulte ser, ou tenha necessariamente de ser, menor que a **incerteza inerente** associada ao **mensurando** escolhido pode-se, tentativamente, escolher (definir) outro **mensurando**.

Como o primeiro já fora definido supostamente em acordo com a GEC, é possível que este segundo **mensurando**, e outros que venham a ser escolhidos, apresentem **incertezas inerentes** com valores não muito diferentes do primeiro, de maneira que a **incerteza-alvo** pode ainda continuar menor que elas. Neste caso pode-se tentar alterar a **GEC**, tendo-se o cuidado de manter, sempre, um acordo com os objetivos da Experimentação, e voltar à definição de um outro **mensurando associado**. Num caso extremo, talvez se necessite de um procedimento mais radical, com a seleção de um novo **sistema suporte** (ou mesmo de um novo sistema) que comporte e possibilite a obtenção de uma incerteza final menor que o valor escolhido para a **incerteza-alvo**, mas ainda maior que a **incerteza inerente**.

Após a **medição** de um **mensurando**, o que conhecemos é: uma estimativa do "**valor verdadeiro**"[31] de uma **grandeza (mensurável) específica**, percebida e apreendida como uma particular **grandeza específica contextualizada**, propriedade de um determinado **sistema suporte** pertencente ao **sistema** que está sendo estudado, com a **medição** tendo sido realizada de acordo com a definição aceita e acordada do **mensurando**, e sobre um determinado **mensurando realizado associado**.

Esse novo tratamento, aqui proposto, apresenta algumas vantagens com relação ao tratamento do GUM. Torna os conceitos fundamentais da Metrologia mais precisos. Traz mais robustez à Metrologia, no sentido de que ela pode abranger, de fato e naturalmente, qualquer contexto metrológico, isto é, pode ser aplicada a qualquer mensurando, mesmo a mensurandos com grandes incertezas inerentes, o que é, aliás, a realidade para a maioria esmagadora dos mensurandos trabalhados no dia a dia. Sua aplicação não estará restrita apenas a mensurandos do tipo "...**que pode ser caracterizado por um valor essencialmente único**....", peculiaridade

---

[31] Este "valor verdadeiro" deve ser entendido como um valor consistente com a definição do mensurando e que, muito provavelmente, deve estar próximo do valor médio (ou da mediana) de todos os valores verdadeiros consistentes com a mesma definição. Ele, com certeza, situa-se entre o menor e o maior valor verdadeiro. Ver Nota 38.

que em geral se pode associar a artefatos (padrões) da 'alta metrologia', praticada principalmente nos Institutos Nacionais de Metrologia. Entretanto, mesmo correto, este último pensamento deve ser considerado com muita reserva de modo a não supor, nele, mais informação do que efetivamente contém. Isto é, não se pode olvidar o fato de que, para qualquer refinamento realístico aplicado à definição de um mensurando, haverá sempre, correspondentemente, um grau de refinamento que, aplicado aos processos de medição, torna a incerteza inerente o fator dominante na incerteza final. Assim, mesmo com referência aos artefatos da 'alta metrologia', a **incerteza inerente** poderá (ou não) ser o componente dominante, dependendo do grau de sofisticação metrológica aplicado (ou possível de ser aplicado) à medição. O presente tratamento torna a discussão dos conceitos ligados à medição mais centrada e menos nebulosa. Como exemplo, torna mais claro e objetivo o entendimento acerca da necessidade e da oportunidade de se envidarem esforços para diminuir a **incerteza final** quando da medição de um **mensurando particular**.

Se uma avaliação indica que a **incerteza inerente** representa, por exemplo, mais de dois terços da **incerteza final**, não serão em geral compensadores os esforços que teriam de ser despendidos para refinar os processos de medição no intuito de diminuir a **incerteza** obtida. Seria necessário empregar uma abordagem diferente: uma nova definição de **mensurando associado**, ainda condizente com a **GEC** (supostamente, essa GEC não seria alterada, pois que estabelecida pela Experimentação), ou a escolha de um **sistema suporte** alternativo. Finalmente, mas sendo não menos importante, esse novo tratamento pode contribuir para situar corretamente a Metrologia como parte essencial dentro do escopo mais amplo da Experimentação e subsidiar uma nova e necessária versão do GUM, o qual deve retomar a consistência com o VIM (VIM3) e, ademais de ser um guia para a declaração de incertezas, constituir-se também em um guia compreensivo da Ciência da Medição.

Referências

[1] Baratto A C 2008 "Measurand: a cornerstone concept in metrology" *Metrologia* **45** 299–307

[2] Vocabulário Internacional de Termos Fundamentais e Gerais de Metrologia. Portaria Inmetro n° 029 de 1995 – VIM2. Rio de Janeiro, Inmetro, SENAI, 2003 (Já retirado do sítio do Inmetro). (obsoleto).

[3] International Vocabulary of Basic and General Terms in Metrology, second edition, 1993 (VIM2), International Organization for Standardization, Geneva, Switzerland (obsoleto).

[4] Vocabulário Internacional de Metrologia. Conceitos fundamentais e gerais e termos associados (VIM2012 ou VIM3). 1a edição brasileiro-lusitana do JCGM 200:2012. Duque de Caxias, RJ – INMETRO, 2012. Traduzido por: grupo de trabalho luso-brasileiro. ISBN: 978-85-86920-09-7 Em http://www.inmetro.gov.br/infotec/publicacoes.asp. A primeira edição em inglês e francês é de 2008, tendo sido terminada praticamente em 2007.

[5] International vocabulary of metrology - Basic and general concepts and associated terms, JCGM 200-2012 (VIM3 ou VIM2012). Joint Committee for Guides in Metrology – BIPM, 2012. Em http://www.bipm.org/en/publications/guides/vim.html.

[6] Guia para a Expressão da Incerteza de Medição. Terceira edição brasileira em língua portuguesa. Rio de Janeiro: ABNT, Inmetro, 2003. (obsoleto). Referido no texto como GUM2003.

[7] Guide to the Expression of Uncertainty in Measurement – GUM - (1993, amended 1995). (Published by ISO in the name of BIPM, IEC, IFCC, IUPAC, IUPAP and OIML). (obsoleto).

[8] Guide to the Expression of Uncertainty in Measurement (1993, amended 1995). (Published by ISO in the name of BIPM,

IEC, IFCC, IUPAC, IUPAP and OIML). **JCGM 100:2008** GUM 1995 with minor corrections. Em http://www.bipm.org/en/publications/guides/gum.html

[9] Avaliação de dados de medição - Guia para a expressão de incerteza de medição –Duque de Caxias, RJ: INMETRO/CICMA/SEPIN, 2012. Em http://www.inmetro.gov.br/infotec/publicacoes_avulsas.asp. Referido no texto como GUM2008 ou, simplesmente, GUM.

[10] Wallard A 2008 "News from the BIPM—2007" *Metrologia* **45** 119–25

[11] Fox R, Garbuny M and Hooke R 1963 "The Science of Science – Methods of interpreting physical phenomena" Westinghouse Electric Corporation, ed. Walker and Company, New York

[12] Mari L 2006 "On the Measurand Definition" XVIII IMEKO WORLD CONGRESS, September 17-22, Rio de Janeiro, Brazil

[13] Phillips S D, Estler W T, Doiron T, Eberhardt K R and Levenson M S 2001 "A Careful Consideration of the Calibration Concept" Journal of research of the National Institute of Standards and Technology **106** 2 371-9

[14] Rossi G B 2007 "Measurability" *Measurement* **40** 545–562

[15] Helmholtz H. von 1887 "Zählem und Messen Erkenntnis – theoretisch betrachtet" Philosophische Aufsätze Eduard Zeller gewidmet, Fuess, Leipzig.

[16] Mari L 2007 "The problem of foundations of measurement" *Measurement* **38** 259–266

[17] A C Baratto, L V G Tarelho, G A Garcia 2016 "Necessary and convenient number of indications in a measurement" *Journal of Physics: Conference Series* **733**, doi:10.1088/1742-6596/733/1/012021

[18] Pavese F 2007 "The definition of the measurand in key comparison: lessons learnt with thermal standards" Metrologia **44** 327-39

[19] Karl Popper 1993 "A Lógica da Pesquisa Científica" São Paulo, Cultrix.

[20] The International System of Units (SI), 7th ed. 1998, Bureau International des Poids et Mesures BIPM. Em http://www.bipm.org/en/si/si_brochure/chapter2/2-1/second.html.

[21] Evaluation of measurement data — Supplement 1 to the "Guide to the expression of uncertainty in measurement" — Propagation of distributions using a Monte Carlo method. **JCGM 101:2008.** JCGM guidance document (BIPM, IEC, IFCC, ILAC, ISO, IUPAC, IUPAP and OIML). Em http://www.bipm.org/en/publications/guides/

[22] A C Baratto1 and G A Garcia 2008 "Revisiting the example of 'comparison loss in microwave power meter calibration'— a rigorous, simple approach" *Metrologia* **45** 241–248

Apêndices

Comentários sobre tópicos específicos relevantes

A1. Discussão de um exemplo (abordado em GUM§D.3)

Apresenta-se aqui, de maneira esquemática, um tratamento que seria adequado proporcionar ao exemplo exposto em GUM§D.3, referido ali como medição da "...**espessura de uma determinada folha de material em uma temperatura especificada.**". O exemplo (no qual se substitui aqui "folha" por "chapa de aço") será trabalhado à luz dos conceitos apresentados no presente trabalho, o que deve ser comparado com o tratamento que é dado em GUM§D.3.2-4. Alguns comentários críticos sobre esse exemplo foram já feitos no corpo do trabalho (ver Capítulo 2).

São discutidos abaixo diversos tratamentos diferentes para o "mesmo" problema de determinar a Grandeza Específica "espessura de uma chapa de aço". São aventadas duas (A e B) possibilidades interpretativas, cada uma compondo uma **grandeza específica contextualizada associada** diferente. São criadas, para cada **GEC**, duas ou mais definições de possíveis e supostamente adequados mensurandos associados. É claro que outras definições, também adequadas, poderiam, em princípio, ser aventadas.

No presente caso, a Grandeza Específica é: "espessura da chapa CH na temperatura T". São apresentados dois contextos de utilização para a chapa de aço e, para cada contexto, é apresentada e discutida uma GEC apropriada. A partir de cada GEC são criados diversos mensurandos associados, cada qual com sua definição. É feita enfim uma discussão sobre quais mensurandos seriam os mais adequados em cada contexto.

1) GEC_A - Contexto de utilização: A chapa de aço (suponhamo-la retangular, com lados de 2,0 m e 3,0 m) será usada, juntamente com outras do mesmo tipo, para construir um tanque de combustível e se deseja conhecer a massa final do tanque, sendo dadas a área da chapa e a densidade do material (as quais serão determinadas alhures). O conhecimento gerado vai servir para determinar o peso total a ser transportado pelo caminhão quando o tanque estiver cheio. Neste caso está claro que o que se pretende conhecer é a espessura média da chapa. O sistema suporte será composto pela própria chapa como um todo. Assim, a grandeza específica contextualizada (GEC_A) poderá ser entendida, razoavelmente, como a espessura média da chapa CH na temperatura T_a (supostamente a temperatura média do tanque quando em uso, e na qual a densidade é determinada). Associados a GEC_A, podem-se aventar os seguintes mensurandos:

Mensurando (A_1): Espessura da chapa CH na temperatura T_a ± 10,0 °C, obtida como uma média de diversas medições realizadas em diversas e diferentes regiões da chapa.

Mensurando (A_2): Espessura da chapa CH na temperatura Ta ± 10,0 °C, obtida como uma média de diversas medições realizadas numa área circular de raio igual a 50 mm, com centro no cruzamento das diagonais da chapa.

Mensurando (A_3): Espessura da chapa CH na temperatura Ta ± 10,0 °C, obtida como uma média de 9 medições realizadas em 9 pontos diferentes: uma medida no centro da chapa e 1 medida no ponto médio de cada semi-diagonal e de cada apótema.

Mensurando (A_4): Espessura da chapa CH na temperatura Ta ± 1,0 °C, obtida como uma média de diversas medições realizadas em diversas e diferentes regiões da chapa, na posição horizontal.

Mensurando (A_5): Espessura da chapa CH na temperatura Ta ± 0,1 °C, pressão barométrica P = (1,010 ± 0,004)105 Pa, umidade relativa U = (60 ± 2) %ur, obtida como uma média de diversas medições realizadas em diversas e diferentes regiões da chapa, na posição horizontal.

Comentário: Dada a natureza do problema, os mensurandos A_2, A_4 e A_5 não são adequados para representar a grandeza específica contextualizada (GEC_A). Em A_5, assim como em A_4, há um excesso de especificações excessivamente e desnecessariamente adstringentes e que são, neste caso, metrologicamente irrelevantes, e que dificultam e encarecem sobremaneira a medição. Em A_2, a especificação para que a medição seja feita apenas na região central da chapa não está consistente com a GEC_A, cujo sentido é o de uma espessura média para a superfície completa da chapa. O mensurando A_3 satisfaz completamente à GEC_A, no entanto a especificação dos pontos em que devem ser feitas as medidas é, neste caso, desnecessária, devendo ser deixada para escolha do metrologista ao se decidir pelo processo ou procedimento que vai adotar na medição. Uma especificação desse tipo só se justificaria se atendesse a requisitos muito particulares do uso a que se destinaria o resultado da medição. Dentre esses possíveis mensurandos, apenas o mensurando A_1 parece satisfazer mais adequadamente às especificidades e necessidades expressas pela GEC_A.

2) **GEC_B** - Contexto de utilização: Suponha-se que o controle de qualidade de uma linha de produção das chapas referidas em **A** seja feito (entre outros critérios) pela medida, na temperatura ambiente, da

espessura na parte central das chapas. As chapas a serem medidas para controle são escolhidas por amostragem. O sistema de produção está sob controle enquanto as espessuras medidas estiverem dentro de certos limites. Por exemplo: espessura = (10,00 ± 0,08) mm. Neste caso, o que se pretende (ou, se necessita) conhecer é a espessura média numa região central da chapa (de cada chapa medida). O sistema suporte é composto pela região central da chapa na qual serão feitas as medições. Assim, a grandeza específica contextualizada (GEC_B) poderá ser entendida, razoavelmente, como a espessura média na região central da chapa CH, na temperatura T_b. Associados a essa GEC_B podem-se aventar os mensurandos abaixo:

Mensurando (B_1): Espessura da chapa CH na temperatura T_b ± 5,0 °C, obtida como uma média de diversas medições realizadas na região central, numa área circular de raio 10,0 mm.

Mensurando (B_2): Espessura da chapa CH na temperatura Tb ± 5,0 °C, obtida como uma média de diversas medições realizadas na região central, numa área circular de raio 0,10 mm.

Mensurando (B_3): Espessura da chapa CH na temperatura Tb ± 5,0 °C, obtida como uma média de diversas medições realizadas na região central, numa área circular de raio 1000 mm.

Mensurando (B_4): Espessura da chapa CH na temperatura Tb ± 0,1 °C, obtida como uma média de diversas medições realizadas na região central, numa área circular de raio 10,0 mm.

Mensurando (B_5): Espessura da chapa CH na temperatura Tb ± 0,1 °C, pressão barométrica P = (1,010 ± 0,004)105 Pa,   umidade   relativa

U = (60 ± 2) %ur, obtida como uma média de diversas medições realizadas na região central, numa área circular de raio 10,0 mm, com a chapa na posição horizontal.

Comentário: o número de observações (indicações) em cada caso não é especificado na definição do mensurando. Ele será determinado pelo operador de acordo com a incerteza-alvo e/ou o grau de confiança pretendido. Dada a natureza do problema, os mensurandos B_3, B_4 e B_5 não são adequados para representar a grandeza específica contextualizada (GEC_B). Em B_5 há um excesso de especificações que são, neste caso, metrologicamente irrelevantes e que dificultam e encarecem desnecessariamente a medição. B_4 especifica um controle muito rígido de temperatura, processo custoso e desnecessário, neste caso. B_3 especifica uma região muito ampla para as medições, o que não está de acordo com a GEC_B, que indica, supostamente por experiências já adquiridas sobre o processo, medições na região central da chapa. O mensurando B_2, pelo contrário, especifica uma região por demais pequena. Aqui é interessante notar que B_2 nem pode mais ser associado àquilo que o senso comum associa a "espessura de uma chapa". Desses possíveis mensurandos, apenas o mensurando B_1 satisfaz adequadamente às necessidades expressas pela GEC_B.

Note-se que, considerando-se o caso de uma mesma chapa, a incerteza inerente de B_2 é menor que a incerteza inerente de B_1. E, mesmo assim, tendo-se em conta o entendimento contido na GEC_B, não se pode dizer que B_2 seja mais adequado que B_1.

É claro que a medição de B_2 não pode ser levada a efeito com um micrômetro comum. Seria necessário usar um instrumento com ponta de prova de raio menor que 0,1 mm.

A Incerteza Inerente de B_2 deve ser menor que a de B_1 e de B_3. Se as medições dos diferentes mensurandos são realizadas com instrumentos com resolução similar à do micrômetro, é razoável supor que o valor da Incerteza Inerente de B_2 seja desprezível em comparação com a incerteza total (os valores próprios, numa área tão pequena, não devem ser muito diferentes entre si). Porém, se os instrumentos usados na determinação de B_2 forem mais precisos, é de supor-se que o valor da Incerteza Inerente possa vir a ser também um componente importante no valor final da incerteza. Porém, mesmo assim, não seria importante para o contexto experimentacional proposto.

Normalmente, apenas os mensurandos A_1 e B_3 podem ser entendidos como "espessura da chapa" (muito embora B_3 não tenha sido cogitado para a GEC_A, e não seja adequado à GEC_B). Essas, no entanto, não são questões estritamente metrológicas, estando antes relacionadas à experimentação, ao uso pretendido para os resultados das medições. A Metrologia Científica em uso normal cuida, essencialmente, de perfazer, da maneira correta, a medição segundo o que foi estipulado na definição do mensurando, a qual, supostamente, atende aos requisitos contidos na GEC, e que são exigidos pela Experimentação. As atividades da Metrologia Científica que tratam das definições dos padrões primários, do estabelecimento das constantes universais, e mesmo da elaboração de guias e conceitos, constituem-se, também, como Experimentação.

Em GUM§D.3.4 NOTA 2 pode-se ler (ver Nota 16): "Embora um mensurando deva ser definido com detalhes suficientes para que qualquer incerteza decorrente de sua definição incompleta seja desprezível em comparação com a exatidão requerida para a medição, deve-se reconhecer que isto nem sempre é praticável....". O problema não está em ser ou não praticável. Está em que a definição do mensurando deve atender aos requisitos da GEC, e não à exatidão requerida (embora uma coincidência possa acontecer em casos muito específicos, em que uma determinada exatidão seja requerida como exigência experimentacional como, por exemplo, durante a construção de um padrão. Essa exigência, apenas incidentalmente de caráter metrológico, determinará a escolha do sistema (tipo de material, dimensões...), do sistema suporte, da GEC e do mensurando, nesta ordem estrita). Suponha-se, no exemplo aqui discutido, que o mensurando fosse redefinido de forma a especificar que a espessura devesse ser determinada num local particular sobre a folha (por exemplo: no ponto correspondente ao cruzamento das diagonais). Esse novo mensurando poderia, de fato, apresentar uma incerteza inerente menor e uma medição poderia chegar também a uma incerteza final menor. Mas esse novo mensurando não mais poderia ser, de maneira razoável, considerado um bom representante da GEC que se estava inicialmente considerando, a saber " *a espessura de uma determinada folha...* ".

A2. Discussão de um exemplo (abordado em GUM§3.1.3)

Em 3.1.3 o GUM diz: "Na prática, o grau de especificação ou definição necessário para o mensurando é ditado pela **exatidão de medição** requerida (B.2.14). O mensurando deve ser definido com completeza suficiente relativa à exatidão requerida, de modo que, para todos os fins práticos associados com a medição, seu valor seja único. É nesse sentido que a expressão "valor do mensurando" é usada neste *Guia*.". Em seguida cita um exemplo.

"EXEMPLO: Se o comprimento de uma barra de aço de um metro (nominal) deve ser determinado com exatidão micrométrica, sua especificação deverá incluir a temperatura e a pressão nas quais o comprimento é definido. Assim, o mensurando deve ser especificado como, por exemplo, o comprimento da barra a 25,00 °C e 101 325 Pa (e mais quaisquer outros parâmetros definidos julgados necessários, tal como a maneira pela qual a barra será apoiada). Entretanto, se o comprimento tiver de ser determinado apenas com exatidão milimétrica, sua especificação não requererá uma definição de temperatura ou pressão ou de um valor para qualquer outro parâmetro de definição.".

Nesse exemplo, por duas vezes seguidas, o GUM refere uma ordem prioritária para o estabelecimento da **exatidão de medição** em detrimento da **definição do mensurando**. É a mesma ideia expressa no corpo do item GUM§3.1.3, indicando que a exatidão requerida determina a maneira pela qual um mensurando é especificado. Essa ideia é inconsistente, no entanto, com o texto de GUM§3.1.1: "... Uma medição começa, portanto, com uma especificação apropriada do mensurando, do **método de medição** (B.2.7) e do **procedimento de medição** (B.2.8).".

Volto aqui a questionar essa noção de que a definição do mensurando seja ditada pela exatidão requerida. Considere-se um **sistema** qualquer. Com respeito a esse **sistema** (ou a uma parte dele – o **sistema suporte**) podem-se considerar inúmeras grandezas específicas. Considere-se também uma determinada

75

aplicação para esse sistema. Essa aplicação pode exigir um conhecimento quantitativo de uma dessas grandezas específicas, a qual deve ser considerada de uma maneira peculiar, determinada exatamente por essa mesma aplicação, o que dá ensejo a um conjunto de possíveis **grandezas específicas contextualizadas** associadas. Dado um determinado contexto, uma dessas GECs será escolhida, e essa escolha é estabelecida pesando-se os mais diversos aspectos (nível de adequação às necessidades experimentacionais, simplicidade de expressão ou de realização, facilidade de medição, nível de exatidão requerido (requerido pela experimentação), generalidade de aceitação, custos associados à medição...). Tendo sido obtido acordo na escolha da GEC para a aplicação específica, haverá infinitos mensurandos, cada um com uma definição apropriada, que podem muito bem representá-la. Novamente, deverá haver algum acordo sobre qual mensurando irá representar a GEC. Escolhido um determinado **mensurando**, este terá uma **incerteza inerente** própria, a qual estabelece o nível mínimo para a **precisão de medição** a ser esperada em qualquer medição. Em termos mais de acordo com o VIM2012, pode-se dizer que é impróprio especificar uma **incerteza-alvo** menor que o valor que se espera (apesar de não ser exatamente conhecido) da **incerteza definicional**. Pode-se ver, portanto, que a definição de um mensurando é ditada por inúmeros fatores ligados à experimentação, e não apenas pela exatidão requerida (requerida, aliás, pela própria experimentação, e não pela medição). Em resumo, pode acontecer uma situação em que o sistema suporte e a GEC associada não sejam compatíveis com a exatidão requerida. Neste caso, não haverá nenhum mensurando que seja adequado, e será necessário adotar outra GEC ou mesmo outro sistema suporte. Num limite, será necessário outro sistema.

O item 3.1.3 do GUM teria de ser reescrito como: "Na prática, o grau de especificação ou definição necessário para o mensurando é ditado pela **incerteza-alvo** requerida", a qual é "...determinada tendo-

se em conta o uso que se pretende para os **resultados de medição.**".
Deve-se remarcar, no entanto, que a última versão do GUM
(2008) não está condizente com a última versão do VIM
(2012). Não leva em conta, por exemplo, os termos **incerteza
definicional** e **incerteza-alvo**.

A confusão textual estabelecida no GUM (o EXEMPLO em
3.1.3 é expressivo) pode ser esclarecida como segue. O fato de
'o comprimento de uma barra de aço de um metro (nominal)
dever ser determinado com exatidão micrométrica'
corresponde a uma necessidade ligada, por suposto, ao uso
que se pretende fazer da barra. Essa necessidade, que não é
essencialmente metrológica (que não é dependente da
medição, mas, pelo contrário, determina as estratégias da
medição), acarreta uma conceituação particular e pertinente
para a **grandeza específica contextualizada** e, na sequência,
uma definição de um mensurando associado a essa GEC. Se
as extremidades da barra possuem imperfeições da ordem de
alguns décimos de mm, seria impróprio exigir ou desejar uma
determinação do comprimento da barra 'com exatidão
micrométrica'.

Mesmo quando todas as grandezas de influência tenham sido
controladas num nível muito alto (dentro das especificações
ditadas na definição do mensurando), de modo a não
influenciar sobremaneira os resultados das medições
individuais, ainda assim haverá uma dispersão das indicações.
Neste caso, esta dispersão estará ligada, quase
exclusivamente, à definição do mensurando, a qual deve ter
levado em conta, obrigatoriamente, as características do
sistema suporte e da GEC, isto é, o contexto
experimentacional.

A3. Medições associadas a um mesmo mensurando

Haverá sempre o problema de determinar se duas ou mais medições, realizadas em diferentes oportunidades ou situações, podem ter seus resultados associados ao mesmo mensurando. A resposta a essa questão é afirmativa apenas se cada uma das medições puder ser inequivocamente associada à mesma definição do mensurando, tendo obedecido a todas as especificações nela arroladas. Nas discussões que se seguem, as medições, por suposto, foram feitas em um mesmo mensurando realizado, ou em mensurandos realizados equivalentes. Em caso contrário, a discussão nem faria sentido.

Exemplo: Considere-se a situação descrita a seguir. Cinco diferentes laboratórios (A, B, C, D e E) mediram a velocidade do som na água, nas temperaturas $T_A = 21,3\ °C$, $T_B = 24,5\ °C$, $T_C = 32,2\ °C$, $T_D = 21,9\ °C$ e $T_E = 22,5\ °C$, respectivamente. Os três primeiros usaram água destilada, D usou água potável e E usou água salgada do Mar Morto. Considerem-se os seguintes possíveis mensurandos. M1: Velocidade do som na água. M2: Velocidade do som na água à temperatura ambiente. M3: Velocidade do som na água destilada à temperatura ambiente. M4: Velocidade do som na água destilada entre $20,0\ °C$ e $25,0\ °C$. Considerando o mensurando M1, os laboratórios A, B, C e D claramente realizaram medições referentes ao mesmo mensurando, enquanto haveria dúvidas com relação ao laboratório E. Isto porque se pode supor uma especificação implícita, razoável e aceitável, em M1, indicando tratar-se de água doce, sem um excesso acentuado de nenhum sal. Isso aceito, os resultados de E não podem ser associados a M1. Considerando M2, persistiria a dúvida com relação ao laboratório E, e surgiria uma nova dúvida, com relação a C. Com efeito, $32,2\ °C$ não é uma temperatura que se possa incluir facilmente dentro da categoria "temperatura ambiente". Considerando M3, os laboratórios A e B realizaram medições referentes ao mesmo mensurando, enquanto haveria a mesma dúvida com relação a temperatura $T_C = 32,2\ °C$ usada por C. As medições dos laboratórios D e E não estão definitivamente associadas ao mensurando M3. Considerando o mensurando M4, apenas as medições dos laboratórios A e B terão sido realizadas segundo a sua definição e podem, portanto, ser a ele associadas, podendo os resultados serem confrontados quando da avaliação de uma comparação interlaboratorial, por exemplo.

É certamente mais fácil determinar se duas diferentes medições não estão associadas ao mesmo mensurando. Apresenta-se, a seguir, uma regra bastante simples e razoável. Sejam E_A e E_B as **estimativas**, e u_A e u_B as **incertezas inerentes** obtidas (o que pode não ser de tão fácil obtenção) em duas distintas medições A e B. Sejam:

$$\Delta u = \left| \sqrt{u_A^2 + u_B^2} \right| \tag{1}$$

$$\Delta E = |E_A - E_B| \tag{2}$$

Se $\Delta E \geq \Delta u$, pode-se dizer que as medições não estão associadas ao mesmo mensurando, ou foram feitas em mensurandos realizados diferentes, não equivalentes. É claro que se poderia argumentar, também, que uma das medições não é boa, ou que ambas não são boas (no sentido de que a apuração da incerteza inerente não foi avaliada corretamente), ou mesmo que houve erros grosseiros no processo de medição. Mas esses seriam problemas mais sérios a considerar. Uma regra mais robusta seria fazer a mesma comparação de ΔE com a soma aritmética das incertezas inerentes $(u_A + u_B)$.

No que se refere à questão de se conhecer da adequação (para o uso) de cada um dos mensurandos (M1, M2, M3 e M4) acima definidos, isto é, do porquê de terem sido assim definidos, o problema é de outra natureza e sua resolução envolveria uma discussão sobre o uso que se pretenderia dar aos resultados das medições, isto é, um bom conhecimento da Grandeza Específica Contextualizada. Esse aspecto, pelo bem da concisão, não foi considerado neste Apêndice.

Finalizando, duas medições podem não ser associadas ao mesmo mensurando por dois principais motivos. Num primeiro caso, os mensurandos realizados usados em cada medição não são equivalentes, não estando associados ao mesmo mensurando. Num segundo caso, os mensurandos realizados são equivalentes, mas pelo menos uma das medições não foi realizada em obediência às determinações estabelecidas na definição do mensurando em questão.

A4. O caso da massa do elétron (ou da carga do elétron)

A massa (de repouso) e a carga do elétron são ambas constantes físicas fundamentais, supostamente invariáveis. Uma pergunta que surge naturalmente é: todos os elétrons possuem a mesma massa (ou carga)? Que as massas de todos os elétrons têm o mesmo valor é uma hipótese bastante razoável e plausível para a maioria (senão a totalidade) dos Físicos. Já para o Metrologista, o parâmetro para avaliar a igualdade entre as massas de dois elétrons é a incerteza com que podem ser medidas, o que depende do estágio histórico do contexto científico e tecnológico. A hipótese da igualdade das massas dos elétrons pode ser admitida somente dentro dos limites dessa incerteza, sendo então apenas uma expressão da carência momentânea de métodos que poderiam eventualmente detectar possíveis diferenças entre as massas de dois diferentes elétrons.

Ao medir a massa (m_0) do elétron, pode-se considerar a massa média de um grande número de elétrons ou a média de um grande número de medidas de massa de um único elétron. No primeiro caso, haveria uma incerteza dominante referente à medição da grandeza "quantidade de substância". Diversas medições desse tipo, variando as amostras, podem determinar a massa média dos elétrons com sua respectiva incerteza. Não teríamos informação sobre a distribuição real das massas individuais dos elétrons que foram objeto de medição (que poderia ser, talvez, uma função delta, ou não). No segundo caso, a incerteza dominante estaria relacionada à medição de massa. Neste caso teríamos informação sobre a massa individual de um único elétron e sua incerteza. Não teríamos, neste caso, informação sobre a população. Informações complementares poderiam, no entanto, ser obtidas por outros meios, por exemplo, fazendo medições de massas individuais em um grande número de elétrons.

Essas considerações se referem à possibilidade de a Incerteza Inerente associada à massa do elétron ser ou não ser identicamente nula. Embora a massa do elétron seja considerada uma grandeza física universal, seu valor não é a unidade de massa. Assim, ele terá, forçosamente, uma incerteza associada. Isso apenas quer dizer que o valor arbitrado para a massa do elétron, decorrente de muitas medições, pode estar (está) sujeito a um erro da ordem das incertezas das medições que levaram à arbitragem daquele valor, não necessariamente que a Incerteza Inerente seja diferente de zero.

Elétrons são partículas idênticas e indistinguíveis: são férmions. Portanto, em princípio, todos os elétrons teriam a mesma "massa de repouso", constituindo um mensurando com incerteza inerente nula. Mas qual a base científica para considerar os elétrons idênticos? Uma rápida olhada num manual de referência mostra que a incerteza (atual) na determinação da massa de repouso ($m_0 \sim 9,1 \times 10^{-31}$ kg) do elétron é de cerca de 3×10^{-38} kg. A incerteza relativa desse resultado é da ordem de 10^{-8}. Assim, supondo-se que o valor da Incerteza Inerente do mensurando "massa de repouso do elétron" possa ser da ordem de, por exemplo, 10^{-40} kg (uma 'Incerteza Inerente Relativa' da ordem de 10^{-10}), não seria possível avaliá-la com a precisão de medição atual.

A5. O conceito de incerteza definicional

O VIM (VIM3§2.27 [4]) propõe a seguinte definição para o conceito:

> **"incerteza definicional:** *Componente da* **incerteza de medição** *que resulta da quantidade finita de detalhes na definição de um* **mensurando**.
>
> *NOTA 1: A incerteza definicional é a incerteza mínima que se pode obter, na prática, em qualquer* **medição** *de um dado mensurando.* [32]
>
> *NOTA 2: Qualquer modificação nos detalhes descritivos conduz a uma outra incerteza definicional.*
>
> *NOTA 3: No Guia ISO/IEC 98-3:2008, D.3.4, e na IEC 60359, o conceito "incerteza definicional" é denominado "incerteza intrínseca"."*

Deve-se reconhecer, de antemão, que esta nova proposta de definição para um conceito brevemente mencionado em GUM§D.3.4 como **incerteza "intrínseca"**, constitui um bom avanço para a teoria da Medição. Algumas considerações, no entanto, devem ser feitas. A expressão 'na prática', usada acima pelo VIM, não parece pertinente. A **incerteza definicional (ID)** acima definida é um conceito teórico (modelo dependente). A NOTA 1 deve ser entendida como: em qualquer medição realizada corretamente (com a boa aplicação prática da Ciência Metrológica) a incerteza final não será menor que a incerteza definicional. A **ID** se realizaria pela concorrência daqueles mesmos fatores que dão origem à **incerteza inerente** (que estão listados na Subseção 4.2). Seu valor, no entanto, não se materializa completamente se não

---

[32] Esta NOTA não deve ser tomada como uma redefinição do conceito estabelecido imediatamente acima. Constitui-se apenas como esclarecimento e contextualização.

forem adequadamente cobertos, durante a medição (obtenção das indicações), os intervalos de especificação de todas as **variáveis de influência** (ver Nota 16) ou, mais genericamente, os limites estabelecidos para todas as condições relacionadas na definição do **mensurando**. Se a medição não cobre integralmente esses intervalos e condições, a **incerteza de medição** obtida pode chegar eventualmente a ser inferior à incerteza inerente (ou definicional).

A definição adotada pelo VIM3 é, formalmente, bastante direta, mas vaga de conteúdo. Ela só pode ser entendida plenamente por especialistas que já tenham estudado e discutido o tema. Não explica em que sentido os "detalhes" na definição do mensurando determinam a ID. De qualquer maneira, essa definição está correta apenas se se leva em conta o conceito de mensurando como definido no presente trabalho, mas é incorreta ou inócua se se considera o conceito de mensurando adotado pelo GUM ou pelo próprio VIM3. Se os "detalhes" na definição de um mensurando são especificados da maneira como esse processo é proposto no GUM e no VIM, estabelecendo, por exemplo, valores exatos para as variáveis ou grandezas de influência (rever Capítulo 3 e, principalmente, Subseção 4.2), eles não consubstanciam uma ID com valor finito e determinado, e nem mesmo influenciam seu valor, exatamente porque quaisquer flutuações nos valores medidos, decorrentes de desvios ocorridos no estabelecimento experimental daquelas condições exatas que foram estipuladas na definição do mensurando, devem ser consignadas à conta das incertezas associadas à medição (ver a definição do termo **medir**), não estando essas flutuações relacionadas propriamente à definição do mensurando, caso em que seriam oriundas de uma distribuição de valores próprios. Nesse caso aqui discutido, a definição do mensurando para valores exatos das variáveis ou grandezas de influência permitem somente um único valor próprio para o mensurando, não originando uma distribuição de valores próprios, que é o que consubstancia a existência de uma incerteza inerente (ou definicional).

No sentido de garantir concatenação entre os conceitos deve-se considerar a definição do mensurando dissociada do processo de medição, e a incerteza inerente (ou definicional) como sendo uma propriedade intrínseca do mensurando (ligada à sua definição). O conceito de incerteza inerente ou definicional pode então funcionar como uma importante ferramenta analítica em diversas situações.

A Metrologia é somente parte da Experimentação. Diferentemente do estabelecido em GUM§3.1.1 e GUM§D.1.1, a definição de um mensurando particular tem a ver principalmente com interesses experimentacionais, e é uma tarefa que deve ser considerada apartada da medição: não é ela uma atividade estritamente metrológica[33], muito embora possa isso possa acontecer em casos particulares. Por outro lado, é imprescindível, como primeiro passo para uma boa medição, a perfeita compreensão das exigências e condições listadas na definição do mensurando. O VIM3 evita este acima mencionado problema epistemológico (ver Nota 33) definindo **medição**, restritivamente, como "processo de *obtenção experimental* de um ou mais valores que..." (grifo do autor).

É importante notar que a **incerteza-alvo** (ou incerteza de medição pretendida) precisa ser estabelecida em acordo com a **grandeza específica contextualizada** e deve ser explicitada na definição do mensurando. O valor especificado para a

---

[33] Se considerarmos a definição do mensurando com parte integrante da medição, a frase 'submeter um mensurando (particular) a medição' constituirá uma clara inconsistência lógica, pois o "mensurando" só adquire existência própria, só passa a ser um mensurando com existência real, podendo ser então submetido a medição, após ter sido definido. Não se pode propor uma ação em um ente (o "mensurando" a ser medido) se esse ente só passa a existir (ser definido) quando submetido a essa ação. A mesma pessoa pode elaborar a definição do mensurando e realizar sua medição. Trata-se, porém, de tarefas distintas.

incerteza-alvo, que é um limite superior estipulado/desejado para um processo particular de medição, deve ser condizente com as características construtivas do **sistema suporte**, estando sujeito ao constrangimento de ser maior que o valor da **incerteza inerente**. Em geral, se uma medição é feita com método e instrumentos suficientemente sofisticados, o que indicaria o estabelecimento de componentes Tipo B razoavelmente pequenos, supostamente desprezíveis em comparação com a incerteza inerente, e a prevalência dos componentes Tipo A, então, com um número N grande o suficiente de indicações, pode-se chegar sempre a uma **incerteza de medição** menor que a **incerteza inerente (definicional)**, o que irá depender da dominância ou não dos componentes do Tipo A sobre os componentes do Tipo B. Isso claramente contradiz o estipulado na NOTA 1 de VIM3§2.27, dada acima. Em casos desse tipo, em que a **incerteza definicional** não é desprezável, sendo por vezes até dominante, o resultado (a estimativa) irá expressar, de forma mais ou menos representativa, uma 'média' ou uma 'mediana' do conjunto de valores verdadeiros consistentes com a definição do **mensurando**. Essa estimativa poderá ser enviesada se a medição é feita de maneira a privilegiar, por algum motivo, a obtenção de valores na parte inferior ou na parte superior do conjunto de valores verdadeiros.

Resumindo o parágrafo acima: Considere-se uma situação em que os instrumentos de medição adotados são suficientemente sofisticados de maneira a fazer com que o componente de incerteza Tipo B resultante seja menor que a incerteza inerente (definicional). Com um número suficientemente grande de indicações os componentes Tipo A podem também ser tornados extremamente pequenos, resultando uma incerteza final menor que a incerteza inerente (definicional).

Parafraseando o item 4.2.7 do GUM [9], podemos dizer: Se, durante uma medição, as variações nas observações de uma grandeza são não aleatórias, mas derivam prevalentemente de variações próprias do mensurando, decorrentes, por sua vez, da conformação específica do sistema suporte, a **média** e o **desvio-padrão experimental da média** podem não ser os **estimadores** mais apropriados das **estatísticas** correspondentes desejadas. Em tais casos, a **média**, em geral, poderá estar enviesada, e a contribuição do componente Tipo A para a **incerteza** será mais bem estimada, não pelo **desvio-padrão experimental da média**, mas pelo **desvio-padrão experimental**.

A6. Condições qualitativas na definição de um mensurando

A rigor, todas as condições arroladas na definição de um mensurando têm um caráter quantitativo. Uma condição pode ser tomada como qualitativa enquanto o contexto experimentacional em que o mensurando é definido não exige um maior controle sobre ela durante uma medição. Quando, no entanto, o contexto se torna mais exigente, isto é, quando as necessidades experimentacionais que determinam a GEC se tornam mais restringentes, e o estado da arte da Medição, em contínuo aperfeiçoamento, também o permite, uma condição que era tratada como essencialmente qualitativa passa a ser tratada como realmente quantitativa, desenvolvendo-se, a partir de então, procedimentos adequados para sua mensuração e controle durante a medição do mensurando.

Exemplo: Suponha-se que a definição de um mensurando e um procedimento de medição especifiquem uma condição em que a espessura, a largura e o comprimento de uma placa devem ser medidos com a placa na posição horizontal. Enquanto se verifica, em seguidas medições, que os resultados não são influenciados por pequenas diferenças no posicionamento da placa, e o uso subsequente desses resultados permanece aceitável, essa condição pode ser tomada como qualitativa. Porém, com um possível refinamento contínuo dos processos de medição, haverá um momento em que essas mesmas "pequenas diferenças" no posicionamento da placa provocam diferenças sensíveis nos valores medidos. Se, concomitantemente, a aplicação a que se destina o resultado também atingiu um estágio em que essas diferenças são significativas e comprometem o uso da placa, então se torna necessária uma especificação quantitativa da horizontalidade da placa. A especificação, agora claramente quantitativa, exigirá, por exemplo, que qualquer ângulo entre a placa e a horizontal, durante a medição, deve estar compreendido entre dois valores extremos (por exemplo, entre -2° e +2°).

O dito acima se aplica a condições de segurança e higiene no manuseio de peças e instrumentos quando enunciadas na definição do mensurando. Exemplos: 'a placa deve ser manuseada com extremo cuidado, evitando-se choques', 'As superfícies devem estar isentas de poeiras e graxas'.

A7. Especificações na definição de um mensurando particular

Uma **unidade de base** (VIM3§1.10), sendo um padrão primário por excelência, possui incerteza inerente zero. Somente nas definições de unidades de base podem ser usados valores exatos para grandezas de influência ou para outras especificações (estados, posicionamentos). Veja-se, por exemplo, com referência à definição do segundo: "...*Esta definição se refere ao átomo de césio em repouso a uma temperatura de 0 K.*" [20]. Contudo, unidades de base não são mensurandos, pois "...*o mensurando não pode ser especificado por um valor...*" (GUM§D.1.1). A especificação de valores exatos para os parâmetros que entram **na definição de uma unidade de base** constitui um procedimento correto porque corresponde a uma declaração de intenção (e é feita por convenção, não por resultados de medição, embora tome por base esses resultados). Este procedimento na definição das unidades de base (uso de valores exatos) faculta aos metrologistas a possibilidade e a oportunidade de implementar contínuos melhoramentos no estado da arte dos processos de medição (pelo refinamento dos procedimentos para atender às instruções, recomendações e aproximação aos valores exatos declarados) usados para realizar a definição da unidade correspondente.

O caso de um mensurando é diferente. Em sua definição é necessário que sejam especificados os intervalos permitidos ou desejados para as diversas variáveis das quais ele depende. A medição deve se processar, então, idealmente, cobrindo completamente cada um dos intervalos especificados para essas variáveis na definição do mensurando. Não há sentido em definir um mensurando para um valor exato de um parâmetro ou grandeza de influência porque qualquer um deles será, ele mesmo, um mensurando e, como tal, possuirá, ele também, uma incerteza inerente (e, portanto, um conjunto mais ou menos largo de valores verdadeiros próprios). Por conseguinte, será sempre impossível controlar esse parâmetro ou essa variável em um valor pré-selecionado exato. A definição de um mensurando com a especificação de valores exatos para certas grandezas de influência não tem como consequência uma definição mais precisa, como se poderia supor à primeira vista. Em vez disso, a consequência pode ser uma definição realmente imprecisa, porque não fornece qualquer indicação ao metrologista, quando da medição, sobre o controle necessário, desejado e apropriado para cada uma das variáveis especificadas. Este procedimento implica, por outro lado, especificações espaço-temporais tão restritivas que tornam o mensurando assim definido impróprio para a Experimentação ou para aplicações metrológicas (comparações e intercomparações não poderiam ser feitas, porque haveria apenas um resultado possível, obtido de um mensurando realizado que seria único) e torna também desinteressante a própria grandeza específica contextualizada (os possíveis resultados de medição seriam aplicáveis somente nas restritas condições de especificação que definem o mensurando). Em outras palavras, qualquer mensurando cientificamente significante existe numa gama mais ou menos ampla de estados, possuindo sempre incerteza inerente não nula.

Quando um mensurando é especificado para um valor exato de uma variável, deve ser entendido que a definição foi feita sem um critério rígido, tendo sido deixada ao metrologista a tarefa de estabelecer o intervalo de valores daquela variável em que o mensurando realizado será preparado e em que serão feitas as medições. Esta decisão dependerá da experiência[34] do metrologista, do nível de conhecimento que ele tem da GEC, das condições técnicas disponíveis e talvez de outras considerações contextuais. Esta situação abre caminho a diferentes interpretações e pode ser a causa de problemas indesejáveis. Situações desse tipo devem ser evitadas, procurando-se fazer, na definição do mensurando, uma precisa e explícita especificação dos intervalos desejados e admissíveis para cada variável de influência ou parâmetro. O número de decimais usados da declaração de um valor pode dar uma indicação implícita do intervalo de especificação desejado para uma variável: Por exemplo, a especificação "...na pressão de 101325 Pa" pode indicar que o intervalo de especificação da variável é de 1 Pa, isto é, a variável deve ser controlada para se situar entre 101324,5 Pa e 101325,5 Pa. Uma normatização para orientar um entendimento nesse sentido seria bastante importante e eficaz, o que, infelizmente, não se tem ainda no momento.

---

[34] Exemplo: Suponhamos as seguintes grandezas específicas contextualizadas: (a) Diâmetro de uma bola de boliche, cujo resultado será usado num show de curiosidades. (b) Diâmetro de uma esfera de aço, cujo resultado será usado para saber se a esfera poderá ser usada em um rolamento de esferas. (c) Diâmetro de uma cavidade esférica a ser usada em um termômetro acústico.

As definições dos mensurandos associados a cada uma das GECs acima especificam que os respectivos diâmetros devem ser medidos a 25 °C. Um metrologista experiente saberá que o mensurando (a) pode ser preparado numa temperatura entre 20 °C e 30 °C, o mensurando (b) entre 24 °C e 26 °C e o mensurando (c) entre 24,09 °C e 25,01 °C. Ou em intervalos não muito diferentes desses arrolados.

A8. Experimentação e definição do mensurando

Ao longo deste trabalho desenvolveu-se a proposta de um conceito de mensurando genuinamente pragmático. Assim, ao nos depararmos com qualquer concreta definição já estabelecida para um mensurando particular, temos de considerar, primordialmente, a seguinte questão: é esta definição completa, de maneira que, após a realização da medição, teremos as informações adequadas e esperadas sobre a específica situação experimentacional que estamos a estudar, a qual desejamos melhor conhecer, e que motivou a própria definição? Aqui, '**mensurando**' refere o contexto da Medição, '**situação**' refere o contexto da Experimentação e '**definição**' estabelece a ligação entre esses contextos.

Não é verdade, como estabelecido em GUM§D.3.4, que se possa sempre tornar cada vez menor a incerteza inerente de um mensurando pelo artifício de uma redefinição progressiva.[35] Deve-se ter sempre em mente, como já dito anteriormente, que qualquer redefinição altera o próprio caráter do mensurando, de tal maneira que, após a redefinição,

---

[35] A partir do momento em que uma grandeza específica, atributo de um sistema suporte particular (sendo em geral parte de um sistema maior), e uma GEC associada tenham sido estabelecidas, não haverá nenhuma definição mágica de mensurando que possa levar a uma incerteza menor que um determinado valor mínimo. Esse valor mínimo não pode ser zero, pois, como já dito aqui, um mensurando não pode ser definido em intervalos infinitesimais para todas as grandezas de que depende. Quando da definição de um mensurando, algumas das grandezas de influência das quais a grandeza em questão depende (pelo menos as mais importantes) devem obrigatoriamente ser especificadas, explícita ou implicitamente, em intervalos finitos. Ao assumir valores dentro do intervalo especificado, uma grandeza não pode ser considerada grandeza 'de influência', pois, justamente nesse intervalo, ela se constitui como item de definição que conforma o sistema suporte e o próprio mensurando. Ela é considerada grandeza de influência apenas fora do intervalo especificado. Dentro do intervalo especificado ela poderia ser definida como **grandeza de influência circunscrevente**.

estamos diante de um novo mensurando (em geral com uma incerteza inerente diferente). Além do mais, ele pode ou não estar relacionado à mesma GEC que pautava o anterior (o que deve ser bem avaliado). Com isso, será sempre importante ter uma clara compreensão sobre qual conceito, num contexto experimentacional particular, está a necessitar, eventualmente, reinterpretação. Três situações sobressaem:

1) Necessidade de definir um novo **mensurando** (a que o GUM chama redefinição) concernente à mesma **grandeza específica contextualizada**. Ter-se-á, então, um novo **mensurando associado**, o qual, supostamente, será mais adequadamente representativo da **GEC** do que o primeiro **mensurando**. Neste caso, sempre poderá haver algum interesse na comparação das respectivas **incertezas inerentes**, pois os **mensurandos associados**, embora diferentes, referem-se à mesma **GEC**.

2) Necessidade de redefinir, ou melhor, reinterpretar a **grandeza específica contextualizada**. A partir dessa nova **GEC** um novo **mensurando** será definido. Este terá, geralmente, uma **incerteza inerente** diferente, eventualmente menor (se a nova interpretação for mais restritiva). Porém, neste caso, haverá pouco ou nenhum interesse numa comparação das **incertezas inerentes** respectivas (do **mensurando** novo e do anterior): os **mensurandos** são diferentes e, o que é mais importante, referem-se a **grandezas específicas contextualizadas** distintas.

3) Algumas vezes é indispensável proceder a uma mudança mais profunda no próprio contexto da Experimentação. Este é o caso quando se torna necessário mudar o **sistema suporte** (isto é, a porção do sistema adotada como o sistema de interesse) ou mesmo o próprio sistema em estudo. Por exemplo, suponha-se que se necessita de um espaço de

trabalho (para tratamento térmico de uma amostra) cuja uniformidade térmica seja não maior que 0,30 °C. Começamos por definir a **GEC** como a temperatura num espaço cúbico de lados 0,40 m (este é o sistema suporte), centrado no interior de uma estufa (esta é o sistema). A seguir, definimos um **mensurando associado** (ver Apêndice A1 para exemplos similares de mensurandos). Suponha-se que a medição indique uma uniformidade da ordem de 0,90 °C, o que é claramente inadequado para o fim desejado. Podemos reduzir este valor (redefinição da **GEC**) pela escolha de um espaço de trabalho menor (uma GEC redefinida), e repetir todo o procedimento até que, eventualmente, se obtenha uma uniformidade aceitável. Mas isto será possível apenas até um limite razoável, visto que as dimensões do espaço de trabalho não poderão ser menores que as dimensões da amostra a ser tratada. Se se evidenciar a impossibilidade de obter a uniformidade necessária ou aceitável, pelo artifício de escolher um espaço de trabalho cada vez menor (diferentes GECs), então será imperativo mudar a distribuição espacial das resistências de aquecimento, ou comprar uma nova estufa (ou desistir do tratamento da amostra).

Deve-se adiantar que nem sempre estaremos interessados em ter um conhecimento muito refinado sobre algo (na realidade, e mais frequentemente, o que não estaremos é interessados em pagar por esse refinado conhecimento). Mais que isso, muitas vezes, e isso é sério, queremos de fato ter apenas o conhecimento adequado e suficiente sobre um assunto. Que isso possa corresponder a um nível de conhecimento mais ou menos grosseiro, será mera coincidência. O fato é que, algumas vezes, um excesso de informação pode obnubilar um entendimento global sobre um assunto, ou, pelo menos, pode tornar maior o esforço (e o gasto de energia, e o dispêndio de recursos) para a obtenção desse entendimento, pela energia intelectual gasta para limpar os fatores irrelevantes que estão a infestar as excessivas informações amealhadas e disponíveis.

Quando falamos em comprimento de uma mesa, queremos em geral saber, com uma precisão não muito grande, aquilo que o senso comum associa a 'comprimento de uma mesa'. Poderíamos estar interessados em saber apenas se a mesa em questão passa pelo corredor, se ela cabe na nossa sala de maneira a não impedir o trânsito por ela, e se, além disso, poderão sentar-se ao seu redor, de maneira confortável, quatro ou quatorze pessoas. Neste caso a umidade da sala, a pressão atmosférica, a maneira particular de medir, e mesmo a própria temperatura são irrelevantes. Não são relevantes, também, pequenas imperfeições da madeira do tampo que fazem com que haja um número infinito de 'comprimentos' ao longo da largura da mesa. Neste caso deseja-se claramente, embora não explicitamente declarado, uma média obtida de algumas poucas indicações obtidas em diferentes posições ao longo da largura (ou mesmo uma só indicação, desde que a mesa tenha um aspecto regular). Neste caso a especificação 'comprimento da mesa X' subentende uma **GEC** particular, a partir da qual se define um **mensurando**, aos quais (**GEC** e **mensurando**) estão associadas diversas condições claramente implícitas (temperatura e pressão ambiente, posição horizontal, média feita ao longo de toda a largura, exatidão de alguns milímetros, ou centímetros etc.). Não seria razoável pretender fazer a medição, digamos, numa temperatura de 80 °C. Em suma, seria também inadequado, desnecessariamente dispendioso e tecnicamente inconveniente, uma especificação explícita referente a temperatura, a pressão, e a posição da mesa durante a medição, do número de graus de liberdade associado ao resultado da medição etc.

Considere-se o problema da medição da largura (L) de uma placa retangular. Suponha-se que tenham sido feitas N medições em diversas posições (x) ao longo do comprimento (C) da placa. Os resultados podem ser tratados de duas maneiras distintas, as quais dependem do entendimento exarado na GEC. Um primeiro enfoque será considerar as N medições como correspondendo a um único mensurando M. Neste caso será obtida a média sobre os N valores medidos. Esta média será, com as devidas correções, a estimativa do valor do mensurando (largura da placa) obtida a partir da medição. Um segundo enfoque corresponde à necessidade de fazer um estudo da largura (L) da placa ao longo de todo seu comprimento (C). Teríamos, nesse caso, não uma **medição** da largura da placa, mas uma **caracterização** da placa (referente à sua largura). Esta caracterização pode ser feita por uma relação funcional do tipo $l = f(x)$, onde l é uma variável contínua, correspondente à largura da placa em cada posição x, e x é a variável correspondente à posição ao longo do comprimento, variando entre 0 e C. A caracterização pode ser enunciada também pela simples apresentação, numa tabela ou num gráfico, dos N resultados obtidos, isto é, dos N pares (l_i, x_i). Este segundo enfoque é equivalente a considerar a definição de n diferentes mensurandos M_i, cada um definido em um pequeno intervalo Δx_i da variável x. Cada mensurando é medido j vezes. Do total de $N = n \times j$ medições efetuadas, as j medições correspondentes ao intervalo Δx_i são então tratadas como referentes ao mensurando M_i.

A9. O que é um mensurando para o GUM?

Responder a essa questão não é uma tarefa trivial. Tomando-se em consideração que se trata de uma publicação que define quase todos os termos específicos que usa, seria bastante natural que se pudesse recorrer à definição formal do termo em questão, a qual deveria estar comtemplada no Capítulo 2 ou no Anexo B do GUM. Isso, no entanto, não nos serve de ajuda, pois, como já discutido (ver atrás, no Capítulo 2), a definição formal (GUM§B.2.9) escamoteia o assunto. Assim, o entendimento que o GUM associa a *mensurando* só pode ser buscado com uma leitura cuidadosa e crítica de todo o Guia. Esse entendimento pode ser assim resumido:

a) O conceito de *grandeza* (B.2.1) é dividido em 'grandeza geral' e 'grandeza específica';

b) **Mensurando** (B.2.9) é uma grandeza específica submetida a medição;

c) Um **mensurando** particular necessita ser definido com um número infinito de especificações (D.1.1);

d) As especificações são feitas para valores exatos das grandezas de influência (GUM§3.13, GUM§B2.9.

e) Na prática (em geral), são especificadas somente algumas (das infinitas) condições para definir um **mensurando** particular;

f) Como consequência (do item anterior), um **mensurando** particular fica sempre incompletamente definido. Com isso, haverá sempre uma incerteza 'intrínseca' a ele associada.

Adiante-se, aqui, que a expressão usada acima (incerteza 'intrínseca') refere-se à expressão usada pelo próprio GUM, e não um uso crítico irônico, no sentido de que a maneira como o referido mensurando particular é definido torna-o um conceito incerto. O que, aliás, seria até cabível.

Podemos concluir daí, que:

g) A incerteza 'intrínseca' está ligada, portanto, apenas ao fato de algumas grandezas terem sido 'esquecidas', não tendo sido especificadas na definição do mensurando. O fato de as especificações efetivamente feitas na definição terem explicitado valores exatos para as grandezas de influência não é, para o GUM, uma condição para a existência de uma incerteza 'intrínseca'. Isso até seria verdade se tais tipos de especificação pudessem ser fisicamente viáveis como já discutido anteriormente.

h) Não existe uma definição concreta, operacional, para o conceito **mensurando**;

i) Cada uma das definições 'incompletas' de **mensurando** particular não constitui de fato **'o mensurando particular em questão'**, pois a definição 'correta' desse mensurando deveria incluir outras ("infinitas") especificações que, pelos mais diversos motivos, não puderam ser feitas;

j) Não existe uma definição unívoca para qualquer **mensurando** particular. Isto porque todas as possíveis 'definições aproximadas' que já tenham sido feitas, ou que venham a ser feitas, são tomadas como 'o (mesmo) **mensurando**', não obstante possuírem, essas 'definições aproximadas', diferentes 'incertezas intrínsecas' ("incertezas definicionais", segundo o VIM3).

A10. A definição de grandeza - vetores são grandezas?

A definição de grandeza foi alterada pelo VIM3 em relação ao VIM2, sendo, porém, difícil dizer qual definição é melhor. O VIM3 mantém a divisão do conceito de grandeza em dois níveis: conceito **geral** ou **genérico** e conceito **específico** (em vez de **particular**, como no **GUM**), podendo haver mais de um nível de conceito específico, até culminar numa grandeza individual. Mas a diferenciação entre o conceito genérico e o conceito específico continua sendo estabelecida da mesma maneira: com o auxílio de exemplos. A definição dada no VIM3 é transcrita abaixo.

> ***1.1 grandeza:** Propriedade dum fenômeno, dum corpo ou duma substância, que pode ser expressa quantitativamente sob a forma dum número e duma referência*
>
> *NOTA 1 O conceito genérico de "grandeza" pode ser dividido em vários níveis de conceitos, conforme apresentados na tabela a seguir. (A tabela não será aqui transcrita.)*
>
> *NOTA 2 A referência pode ser uma **unidade de medida**, um **procedimento de medição**, um **material de referência** ou uma combinação destes.*
>
> *NOTA 3 As séries ISO 80000 e IEC 80000 Quantities and units fornecem os símbolos das grandezas. Os símbolos das grandezas são escritos em itálico. Um dado símbolo pode indicar diferentes grandezas.*
>
> *NOTA 4 O formato preferido pela IUPAC-IFCC para designar as grandezas na área de medicina laboratorial é "Sistema-Componente; natureza duma grandeza".*

EXEMPLO "Plasma (Sangue)–Íon sódio; concentração em quantidade de matéria igual a 143 mmol/L numa determinada pessoa, num determinado instante".

NOTA 5 Uma grandeza, conforme aqui definida, é um escalar. No entanto, um vetor ou um tensor, cujas componentes são grandezas, são também considerados grandezas.

NOTA 6 O conceito de "grandeza" pode ser genericamente dividido em, por exemplo, "grandeza física", "grandeza química" e "grandeza biológica", ou **grandeza de base** *e* **grandeza derivada.***"*

O campo elétrico em um ponto do espaço não é uma propriedade singular ou um atributo de qualquer coisa. O campo elétrico deve ser considerado, ele próprio, uma entidade, com uma existência própria concreta e, como tal, tendo suas próprias propriedades, as quais, essas sim, poderão então ser classificadas como grandezas e, possivelmente, futuros mensurandos. O campo elétrico em um ponto tem propriedades que são similares às propriedades das entidades matemáticas chamadas vetores e, exatamente por isso, um vetor é um modo conveniente de representar o campo elétrico em um ponto. É importante notar que o vetor campo elétrico apenas representa o campo elétrico, mas ele não é um atributo ou uma propriedade desse campo. A intensidade de campo elétrico (de um particular campo elétrico) num ponto é uma propriedade do campo elétrico naquele ponto (outra propriedade é a direção). É a esta intensidade de campo elétrico que uma magnitude pode ser associada. Esta intensidade é representada pelo módulo do vetor campo elétrico, assim como a orientação do campo elétrico é representada pela direção do vetor campo elétrico por meio dos ângulos polar e azimutal, em coordenadas polares. Assim, a intensidade de campo elétrico é uma propriedade do campo elétrico (é, portanto, uma grandeza), e é representada pelo módulo do vetor campo elétrico, e a direção do campo elétrico é outra propriedade do campo (também uma grandeza), sendo representada pela direção do vetor (a qual é expressa pelos ângulos acima referidos). O próprio campo e o vetor que o representa não são propriedades de coisa alguma, e a eles não é possível atribuir as categorias matemáticas de "maior que" ou "menor que", isto é, não é possível associar-lhes uma magnitude (magnitudes podem ser associadas à intensidade de campo e aos ângulos polar e azimutal). Para conhecer um vetor (caracterizá-lo) são necessárias pelo menos três medições, a serem realizadas em três diferentes mensurandos: intensidade de campo, ângulo polar e ângulo azimutal. Assim, de acordo com as definições apresentadas no Capítulo 3 do presente trabalho e, também, de acordo com a definição de grandeza do VIM3, dada acima, um vetor não é uma grandeza. Um vetor é uma entidade multicomponente que não pode ser medida. Ele pode, no entanto, ser caracterizado com a medição de seus componentes escalares. Pode-se fazer um paralelo tomando-se uma placa metálica retangular. Não se diz que a placa é medida. A placa pode ser caracterizada (quantitativamente) pela medição de diversas grandezas a ela associadas: largura, comprimento, espessura, massa etc. O que se aplica aos vetores aplica-se igualmente aos seus componentes vetoriais, que são também vetores. Argumentos similares podem ser usados com relação às entidades tensoriais. Note-se que o VIM3 não é auto consistente: o que se estabelece em sua NOTA 5 acima contradiz o estabelecido no corpo da definição.

A11. Um exemplo concreto: "diâmetro" de um cilindro de inox

Considere-se o cilindro de inox mostrado na **Figura 1** e coloque-se o objetivo de determinar seu diâmetro. É este um problema corriqueiro que se apresenta, em geral, de maneira absolutamente trivial no dia a dia da Medição. No entanto, como se verá a seguir, ele pode se complicar bastante, a ponto de tornar-se carente de sentido a própria tarefa proposta, mormente quando considerada dentro do contexto teórico estabelecido no GUM e da maneira bastante simples e direta proposta acima.

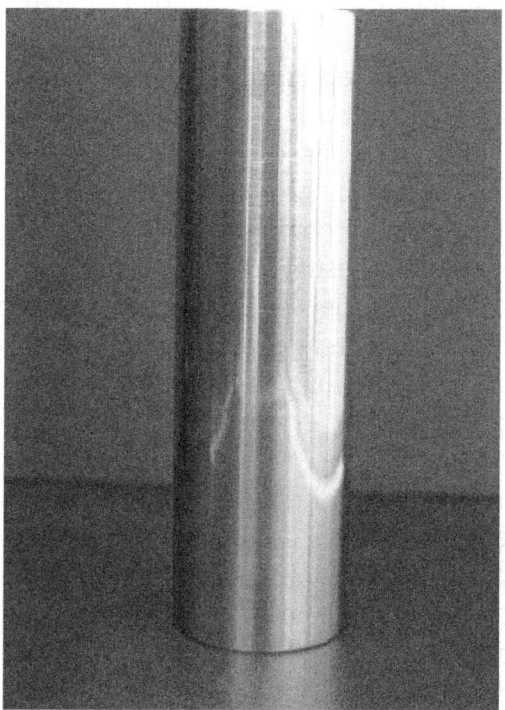

Fonte: imagem registrada pelo autor

Figura 1. *Foto de um cilindro de inox polido. Dimensões aproximadas: 78 mm x 25 mm. Pode-se fazer uma medição do diâmetro deste cilindro* *obedecendo às diretrizes determinadas pelo GUM? Ver o texto explicativo da* **Figura 6**.

Dentro do contexto do GUM, e segundo o conceito de mensurando que aí vigora, o 'diâmetro' desse cilindro não poderia ser medido, posto que, *"para todos os fins práticos associados com a medição"*, seu valor não é único. Ou, pelo menos, num certo sentido, nem sempre é único (aqui o leitor deve considerar a **Figura 6** e seu texto explicativo). Não seria possível, por exemplo, fazer uma medição muito cuidadosa (muito exata e precisa) desse cilindro, pois, neste caso, a aproximação de mensurando com valor único claramente não é válida. Uma medição mais ou menos grosseira, no entanto, não apresenta problema conceitual que mereça menção. A Metrologia é mais que apenas a aplicação de bons processos de medição e de boas técnicas estatísticas; deve-se acrescentar, aí, o bom senso. Na discussão que se segue, o **sistema** é o próprio cilindro, o **sistema suporte** adotado é constituído pelo cilindro como um todo, com atenção especial à superfície cilíndrica, estendendo-se ao longo da dimensão longitudinal. A **GEC** é pensada como sendo simplesmente o que comumente se entende como o **diâmetro do cilindro**, supostamente (pelo menos para o metrologista que o toma na mão pela primeira vez e tem a incumbência de fazer a medição) e idealmente o mesmo ao longo de todo o seu comprimento. Os resultados da medição poderiam servir, por exemplo, para a usinagem de uma camisa cilíndrica onde ele deve deslizar ajustado. A definição do mensurando é: **"diâmetro do cilindro de inox à temperatura ambiente (ou, quiçá, à temperatura de 22 °C ± 3 °C)"**. Vê-se, assim, que não há, nessa definição, nenhuma especificação que restrinja o sistema suporte a uma região particular ao longo do eixo do cilindro, ou a uma orientação do próprio cilindro. As medições devem ser feitas, portanto, ao longo de todo o comprimento do cilindro, e considerando todas as orientações radiais.

As medições do 'diâmetro' do cilindro, descritas a seguir, foram realizadas usando instrumentos de diferentes qualidades, e sempre pelo mesmo operador. Nas análises subsequentes não foram, por desnecessárias para o objetivo, consideradas as calibrações desses instrumentos, não sendo aplicadas quaisquer correções às **indicações [4; 4.1]**. Portanto, não haverá interesse em se compararem os resultados obtidos para as estimativas em diferentes medições, mas apenas os resultados relativos à dispersão, consubstanciados e resumidos nos histogramas apresentados nas figuras. As diferentes medições se processaram com os instrumentos aplicados em diversas posições ao longo de toda extensão longitudinal do cilindro, e em variadas direções radiais, estas e aquelas escolhidas aleatoriamente. Este é o procedimento correto para que as medições estejam de acordo com o mensurando especificado acima. Os resultados estão apresentados como histogramas nas **figuras 2, 3, 4 e 5**. Na **Tabela 1** é apresentado um resumo circunstanciado dos resultados: as estimativas (médias, no caso) e os desvios-padrão obtidos nas diferentes medições.

A **Figura 2** apresenta o histograma referente à medição realizada no cilindro com um paquímetro de plástico, com **resolução de dispositivo mostrador [4; 4.15]** de 0,05 mm. Trata-se de um paquímetro de não muito boa qualidade, com folgas pronunciadas, o que acarreta resultados (indicações) muito dependentes da maneira pela qual o instrumento é aplicado. Isso resulta numa **incerteza de medição instrumental [4, 4.24]** muito grande (apesar de desconhecida, visto que sua calibração não foi realizada), o que se reflete, inclusive, numa grande incerteza de Tipo A quando de seu uso. Vê-se, na **Figura 2**, que o histograma resultante pode ser considerado uma boa aproximação de uma Função Densidade de Probabilidade (FDP) Normal, com média 25.03 mm e desvio-padrão 0,15 mm. Este histograma estará provavelmente um pouco alargado pela não unicidade do mensurando (observar a **Figura 6**). É interessante comparar, na **Figura 8**, o histograma resultante da medição realizada com esse paquímetro de plástico com a curva Normal de mesma média e mesmo desvio-padrão. Para uma **probabilidade de abrangência [4; 2.37]** de 95 %, o resultado (considerando-se apenas o componente Tipo A) dessa medição é expresso como $D_{ppl} = (25,03 \pm 0,30)\ mm$. Em conclusão, poder-se-ia dizer que, neste presente caso, com a medição indicando um mensurando de valor único, o tratamento do GUM se aplica. No entanto, ele não se aplica perfeitamente mesmo neste caso. Para o cálculo da incerteza expressa no resultado acima, foi usado o valor do desvio-padrão, e não do desvio-padrão da média. Ver discussão adiante.

A **Figura 3** apresenta o histograma referente à medição do mesmo cilindro com um paquímetro de aço, analógico, marca Mitutoyo, de 6", com a mesma **resolução de dispositivo mostrador** (0,05 mm) do paquímetro de plástico mencionado acima. Trata-se de um paquímetro de boa qualidade, apresentando-se em muito boas condições de ajuste e deslizamento mecânico. A estrutura do histograma lembra uma FDP uniforme, com média 25,01 mm e limites 24,89 mm $(25,01 - 0,07\sqrt{3})$ e 25,13 mm $(25,01 + 0,07\sqrt{3})$.[36] Mas, na realidade, a estrutura observada não emerge como uma FDP resultante de um campo de probabilidades associado com o processo de medição realizado. Isto é, a estrutura observada não constitui uma distribuição estatística genuína – não o é, pelo menos, na maior parte de sua abrangência. Trata-se de uma distribuição de caráter predominantemente determinístico, cuja forma emerge justamente devido à particular forma (extensão, conformação) do sistema suporte considerado, e do grau de sofisticação aplicado à medição. Mais à frente ficará claro que essas mesmas considerações podem se aplicar, igualmente, às **Figuras 4 e 5**. No presente caso (**Figura 3**), particularmente, o histograma reflete uma não

---

[36] O valor 0,07 corresponde ao desvio-padrão referente a essa medição. Ver **Tabela 1**.

muito comum coincidência: o valor da resolução do instrumento usado é bastante próximo do valor médio das diferenças entre diâmetros de degraus adjacentes do cilindro. Basta notar que, no eixo horizontal, as diferenças entre as posições com amplitude não nula (isto é, entre as linhas verticais) são exatamente iguais ao valor da resolução (0,05 mm) do paquímetro analógico Mitutoyo usado na medição.

Na **Figura 4** estão os resultados obtidos com o uso de um paquímetro de aço digital, de 6", com resolução de 0,01 mm, também em muito boas condições de uso. Nota-se que o histograma correspondente não se parece nem com uma FDP normal, nem com uma FDP uniforme. Percebem-se algumas conformações com estruturas específicas, caracterizando uma FDP complexa.

Na **Figura 5** estão os resultados obtidos com o uso de um bom micrômetro analógico, marca NSK, com resolução de 0,001 mm. Neste caso, veem-se claramente cinco conformações específicas parciais, cada uma delas caracterizando como que um histograma individual de forma aproximadamente normal, o conjunto todo compondo o histograma completo referente ao mensurando ('diâmetro do cilindro') em medição. Este histograma pode ser simulado perfazendo-se a composição de cinco curvas (funções) gaussianas com as médias e os desvios-padrão respectivos mostrados nas últimas cinco linhas da Tabela 1. O resultado dessa simulação pode ser visto na **Figura 9**.

Notar (**Tabela 1**) que o uso de um instrumento de melhor qualidade, com melhor ajuste e menos folgas, porém ainda com mesma resolução (**Figura 3** com relação à **Figura 2**), reduz drasticamente o desvio-padrão (mais de 50 % de redução). Por outro lado, o uso de instrumentos muito melhores e com valores de resolução bem menores (5 vezes menores na **Figura 4** e 50 vezes menores na **Figura 5**) não reduz adicionalmente, de modo significativo, o desvio-padrão. É notável este fato de a resolução usada se ter reduzido por um fator 50 entre a medição com o paquímetro Mitutoyo e a medição com o micrômetro NSK, e o desvio-padrão ter se reduzido apenas por um fator 1,4. Isto se deve ao fato de a qualidade do processo de medição ter atingido um limite a partir do qual não mais compensaria investir no uso de melhores instrumentos e em procedimentos mais refinados, pois a incerteza final que se obtém não mais se alterará de maneira significativa (isto porque, neste caso, as incertezas Tipo A tornaram-se já desprezáveis).[37]

Deve-se ter sempre em mente a possibilidade de as flutuações das indicações (ou dos valores medidos), observadas durante uma medição, não serem flutuações estatísticas genuínas, mas oriundas de diferenças determinísticas nas indicações, diferenças essas determinadas pela não unicidade do mensurando, isto é, pelo fato de este **não poder ser modelado como um mensurando com valor essencialmente único**. São situações em que a incerteza definicional é da ordem da (ou maior que a) resolução do sistema de medição empregado. Nestes casos, já não é mais correto um tratamento estatístico nos moldes propostos pelo GUM. Relembre-se aqui que a não unicidade de um mensurando pode ser devida, também, a variações seculares em sua magnitude, monotônicas ou não. Este é um problema recorrente na Metrologia de Tempo e Frequência.

---

[37] Há uma grande inconveniência no uso do valor do **desvio-padrão experimental da média** (9, B.2.17, NOTA 2) como medida de incerteza (incerteza-padrão Tipo A). Essa contribuição decresce progressivamente e ilimitadamente com o aumento do número de indicações, o que acaba por se tornar particularmente inaceitável em situações em que o mensurando não pode ser considerado como 'de valor único'. É que, neste caso, o desvio-padrão está a indicar flutuações determinísticas, e não flutuações estatísticas ligadas a imperfeições do processo de medição. Este assunto, da maior importância, será tratado em outro trabalho.

Remarque-se, por notável, que, de todas as medições realizadas e aqui comentadas, justamente aquela feita com o instrumento de melhor qualidade, mais preciso, com a melhor **resolução**, constitui-se como uma medição que, mais claramente que as outras, não está em acordo com os princípios teóricos do GUM. Muito claramente neste caso (**Figura 5**), não se tem um mensurando com valor único como exigido em, por exemplo, GUM§1.2 (ver Nota 10) ou em GUM§3.1.3 (ver Nota 11). Esse problema é discutido, ou melhor, é brevemente abordado, em VIM3 [4, 2.10], principalmente em sua NOTA 3[38]. No entanto, apenas num sentido bastante restrito se pode dizer que "...um valor medido é ... uma estimativa de uma média ou de uma mediana do conjunto de valores verdadeiros". Isso depende de o quão aleatoriamente o conjunto de indicações que foi obtido durante a medição conseguiu captar, de maneira adequada, a real configuração do sistema suporte, isto é, o quão fielmente esse conjunto de indicações representa o conjunto de valores verdadeiros do mensurando em medição. Se o número de **indicações** referentes a algumas partes (ou orientações, ou intervalos temporais) do sistema suporte for muito maior que o número de indicações referentes a outras partes, ou orientações, ou intervalos temporais, então a média das indicações será afetada por um viés decorrente da falta de aleatoriedade na obtenção dessas indicações. Esse viés pode ser claramente exemplificado considerando-se medições realizadas com um micrômetro comum numa chapa de aço em que as imperfeições na espessura sejam pouco espaçadas, por exemplo, com ondulações e rugosidades da ordem de 0,5 mm. Como os micrômetros em geral têm pontas de medição cilíndricas com diâmetro da ordem de 5 mm, os

---

[38] **VIM3§2.10 valor medido, NOTA 3:** "Nos casos em que a amplitude dos valores verdadeiros, tidos como representativos do mensurando, não é pequena em relação à incerteza de medição, um valor medido duma grandeza é frequentemente uma estimativa duma média ou duma mediana do conjunto de valores verdadeiros."

resultados serão enviesados no sentido de apresentar uma grande maioria (na realidade, a quase totalidade) de indicações com valores acima daquele que poderia ser considerado uma 'média' (ou mesmo uma 'mediana') do conjunto de valores verdadeiros.

O histograma da **Figura 5** referente ao micrômetro é bastante complicado, não se assemelhando com nenhum dos tipos simples de FDP (normal, retangular, triangular, trapezoidal etc) com que se trabalha normalmente na Metrologia. Ele é composto, na realidade, por cinco FDPs parciais de caráter gaussiano, com médias diferentes e desvios-padrão aproximadamente iguais.

Quanto aos resultados obtidos com os instrumentos mais sofisticados (melhores), será errado dizer, como se diz habitualmente, que as médias dos valores obtidos sejam, respectivamente, as (melhores) estimativas do valor (verdadeiro) do mensurando (diâmetro do cilindro). Isto porque o "cilindro" possui, na realidade, além de infinitos outros em regiões infinitesimais, 5 diferentes 'diâmetros' bem evidenciados em regiões homogêneas, que se podem observar parcialmente discriminados na **Figura 4** (paquímetro digital), e claramente visualizados na **Figura 5** (micrômetro)[39]. Neste último caso o valor médio 24,999 mm não expressa uma estimativa do valor verdadeiro do mensurando, mas uma estimativa da média (média com um sentido pouco preciso, pois o número de indicações obtidas não foi o mesmo nas 5 regiões) dos valores verdadeiros dos "diâmetros" do cilindro (ver Nota 38), que se veem, na **Figura 5**, agrupados nas FDPs parciais com aspectos gaussianos correspondentes aos 'diâmetros' das 5 diferentes regiões "cilíndricas" do "cilindro". Instrumentos e métodos mais sofisticados poderiam levar avante uma discriminação mais rigorosa, explicitando outras estruturas (distribuições) estáveis não probabilísticas, talvez

---

[39] É conveniente, neste ponto, que o leitor releia o pequeno trecho de Fox et al. [11] na Introdução.

mais delicadas, em regiões diferentes do histograma, essas estruturas sendo associadas a outras conformações específicas do sistema suporte em regiões também específicas do "cilindro".

No caso da medição com o micrômetro, a declaração do resultado (considerando-se apenas as contribuições: **resolução** e **desvio-padrão da média**) deve ser feita, de acordo com o GUM, como $D_{mic} = (24,999 \pm 0,006)$ *mm*, para um nível da confiança de 95 %. Mas essa declaração de resultado constitui uma redução extremamente simplificadora. Mais que simplificadora, é ela, na realidade, absurda: a incerteza declarada neste caso (0,006 mm) é bem menor que a Incerteza Inerente do mensurando. Uma estimativa razoável do valor da Incerteza Inerente, considerando-se os resultados obtidos com o próprio micrômetro, situa-a entre 0,06 mm e 0,07 mm (metade da diferença entre os valores extremos obtidos). Em outras palavras, o valor da IIM é cerca de dez vezes maior que a incerteza de medição acima declarada. O histograma da **Figura 5** é muito mais informativo que a declaração acima. O resultado que o histograma apresenta torna evidente, e pela sua observação passamos a conhecer (supostamente esse conhecimento não existia antes da medição), que o cilindro possui, *grosso modo*, cinco regiões com diferentes 'diâmetros', como esquematizado na **Figura 6** (considerar o texto explicativo da figura!).

Se toda informação de que dispuséssemos fosse aquela contida no referido histograma, poderíamos apenas dizer que o "cilindro" possui cinco "regiões cilíndricas" com diferentes diâmetros, não sendo essas regiões necessariamente contínuas e adjacentes. No entanto, não poderíamos associar univocamente as regiões observadas no histograma a regiões geométricas específicas do cilindro. Para que isso fosse possível, seria necessário perfazer a realização das medições de maneira que cada indicação estivesse associada a uma região específica do sistema suporte, isto é, a uma posição espacial explicitada ou assinalada ao longo do comprimento do cilindro. Com esse procedimento se poderia chegar a um esboço bastante próximo àquele apresentado na **Figura 6**.

Neste caso particular mostrado na **Figura 5**, o resultado poderia ser declarado, com mais propriedade, e de maneira mais compacta e informativa, como: "Os diâmetros do cilindro situam-se entre $D_1 \pm 2$ dp_1 e $D_5 \pm 2$ dp_5, com 95 % de nível da confiança em cada extremo", onde D_1 e D_5 referem-se, respectivamente, às estimativas do menor e do maior "diâmetro" singular obtidas na medição, e dp_1 e dp_5 são os valores correspondentes dos seus respectivos desvios-padrão (e não os desvios-padrão da média). Os valores declarados, com nível da confiança de 95 %, seriam então: $D_1 = (24,93 \pm 0,01)$ mm e $D_5 = (25,06 \pm 0,01)$ mm (ver parte final da **Tabela 1**). Isto é, em lugar da estimativa de um "valor" unitário para o mensurando e de sua incerteza, especificam-se as estimativas dos valores extremos do mensurando e as respectivas incertezas em sua determinação.[40] Em geral haverá sempre alguma dificuldade relacionada com a maneira de determinar os valores das incertezas nos extremos. Esses valores podem ser obtidos por meio de medições equivalentes realizadas em um mensurando similar, mas de valor único. Essa maneira de declarar incertezas é bastante similar ao que é proposto no Suplemento1 do GUM [21], para determinações de incertezas usando o Método Monte Carlo (propagação de distribuições de probabilidade), e também ao que é proposto em [22], para determinações com métodos mais próximos ao GUM (propagação de incertezas). É mais informativa que a maneira tradicional do GUM, e serve, adicionalmente, para alertar aqueles que irão porventura usar o resultado da medição sobre o fato de que o mensurando não tem um valor

---

[40] No caso aqui tratado, particularmente, o valor máximo calculado para o menor "diâmetro" (24,94 mm) é menor que o valor mínimo calculado para o maior "diâmetro" (25,05 mm), ambos com um nível da confiança de 95 %. Isto pode ser tomado como uma confirmação da não unicidade do mensurando.

único, que o sistema suporte se conforma por um perfil complexo, e que um conhecimento mais apurado da grandeza específica correspondente pode ser conseguido (somente) com uma estratégia de medição estritamente direcionada. Poder-se-ia argumentar que os dois procedimentos de declaração do resultado de uma medição são equivalentes em termos das amplitudes dos intervalos declarados para os valores verdadeiros tidos como representativos do mensurando, pois os desvios-padrão usados em cada caso não são significativamente diferentes. Em primeiro lugar, isso não é verdade. Os limites dos intervalos declarados com aproximadamente 95 % de nível da confiança seriam, respectivamente: 24,9 mm e 25.1 mm para a declaração usual conforme o GUM (considerando uma aproximação de FDP normal e incerteza expandida 0,1 mm), e aproximadamente 24,92 mm e 25.07 mm (com incerteza expandida 0,01 mm em cada extremo), para a nova maneira acima proposta. Em segundo lugar, como dito acima, a segunda maneira é mais informativa.

Essas considerações foram feitas na suposição de que, ao se fazer a opção de medir com o micrômetro, desejava-se (ou se esperava) uma incerteza-alvo da ordem de 0,005 mm (talvez, no máximo, de 0,01 mm), sem o que não se justificaria o uso de um instrumento com tal grau de precisão. Por outro lado, ao medir com o paquímetro de plástico, supõe-se que se consideraria satisfatória uma incerteza-alvo da ordem de 0,5 mm. Neste último caso, os resultados indicam que o mensurando pode ser considerado como tendo valor único, e que o "cilindro" poderia funcionar "perfeitamente" numa camisa, com folgas e ajustes da ordem de 0,5 mm. O que pode até mesmo ser adequado em alguns casos (quem irá negá-los?).

Deve-se ressaltar que nem sempre a forma do histograma de uma medição (sua configuração) indica a existência de um descompasso entre a incerteza definicional e a precisão ou sofisticação aplicada à medição. Tudo depende da 'forma' (ou da 'deformação') do sistema suporte, isto é, de como os valores verdadeiros associados ao sistema suporte estão distribuídos (espacialmente, temporalmente...). Essa 'forma' do sistema suporte pode ser tal que resulte num 'histograma tipo gaussiano' mesmo em casos em que a incerteza definicional seja relativamente muito grande. Isso aconteceria, por exemplo, se o "cilindro" de inox da **Figura 1** tivesse uma conformação com aspecto cônico, com os diâmetros nas extremidades iguais àqueles observados na figura, mas sem apresentar os degraus abruptos mostrados. Neste caso o histograma apresentaria uma forma aproximadamente gaussiana, com uma largura da mesma ordem daquela mostrada na **Figura 5**.

Uma declaração correta para o resultado de medição do cilindro de inox da **Figura 1** deve ser feita da seguinte maneira. Em primeiro lugar, deve-se considerar que a medição foi feita do modo correto, isto é, que tenha havido uma distribuição razoavelmente uniforme ao longo do eixo e das orientações radiais do cilindro quando da obtenção das indicações. Em segundo lugar, conforme já adiantado no Apêndice A5, a contribuição do Tipo A para a **incerteza** será mais bem estimada pelo **desvio-padrão experimental**.

As contribuições à incerteza seriam:

Resolução do micrômetro: $R_m = 0,001\ mm$

Desvio-padrão da medição: $d_p = 0,048\ mm$

Incerteza padrão combinada:

$$I_c = \sqrt{\left(\frac{R_m^2}{12} + d_p{}^2\right)} = \sqrt{\left(\frac{0,001^2}{12} + 0,048^2\right)} = 0,048$$

Incerteza expandida (95 %): $I_e = 2\ x\ I_c = 0,096\ mm$

Assim, no presente caso, e considerando os resultados obtidos com o micrômetro, a declaração do resultado da medição do "diâmetro" do cilindro de inox, para 95 % de nível da confiança será:

$$D = (24,999 \pm 0,096) \; mm$$

ou

$$D = (25,0 \pm 0,1) \; mm$$

Uma questão que naturalmente se coloca é: qual procedimento adotar se se deseja medir o mensurando 'diâmetro do cilindro' com uma incerteza-alvo menor? No presente caso (cilindro da **Figura 1**), poder-se-ia desejar (ou, por contingências experimentacionais, defrontar-se com a necessidade de obter) uma incerteza menor que a obtida (0,1 mm, **Figura 5**) nas medições realizadas com o micrômetro. Reafirme-se aqui que, dos inúmeros componentes de incerteza Tipo B, estamos considerando apenas a resolução e, adicionalmente, consideramos que a incerteza é mais bem representada pelo **desvio-padrão**, e não pelo **desvio-padrão da média** (ver Nota 35). A resposta à questão acima é clara: seria extremamente difícil fazer uma medição cujo resultado, corretamente avaliado, apresente incerteza menor que aquele valor (0,1 mm) obtido com o micrômetro. Na realidade, de acordo com o valor calculado para a incerteza definicional (ver a descrição da **Tabela 1**), nenhuma incerteza corretamente avaliada poderia ser menor que 0,07 mm. Este é o valor (aproximado) da **incerteza inerente** (*inherent uncertainty*) [1] (ou **incerteza "intrínseca"** (GUM§D.3.4), ou **incerteza definicional** (VIM3§2.27)) associada ao mensurando que está sendo medido. O entendimento do GUM, com referência a esse tópico, pode ser avaliado considerando-se o que é sugerido em D.3.4 (ver Nota 13). Ali se diz, resumidamente, que "...**Para obter ... uma incerteza menor requer-se que o mensurando seja definido mais completamente.**". Poderíamos, então, no presente caso, redefinir o nosso mensurando como, por exemplo, "diâmetro da secção cilíndrica correspondente aos 15 mm finais do extremo direito do cilindro" (ver **Figura 6**). Porém, neste caso, o sistema suporte seria composto por essa porção do cilindro, e não mais pelo cilindro como um todo. Se repetirmos a medição com o micrômetro, atendendo a essa nova definição de mensurando, com as indicações estando associadas apenas a essa porção do cilindro, o resultado deve ficar próximo a (24,932 ± 0,005) mm (ver **Tabela 1**). A incerteza seria, de fato, cerca de 20 vezes menor que aquela obtida para o mensurando anterior, porém seria correspondente a um mensurando associado a uma nova Grandeza Específica Contextualizada que não aquela referida no começo deste Apêndice, a qual seria atributo do novo sistema suporte, abrangendo apenas uma pequena extensão numa das extremidades do cilindro. Esse novo mensurando deve, supostamente, ser compatível com essa nova GEC. Como exemplo possível, ele poderia ser compatível com uma GEC que especifique que a porção final do cilindro deverá servir como padrão de transferência numa intercomparação.

Finalmente (até que enfim), ressalte-se a importância metodológica de tratar e analisar graficamente os dados de medição, observando, antes de proceder aos cálculos pertinentes, o tipo de histograma que eles compõem. Note-se que não há diferenças fundamentais quando se observam os valores dos resultados das diferentes medições (estimativas e desvios-padrão da média) listados nas quatro primeiras linhas da **Tabela 1**. Aliás, o que pode ser tomado como uma demolidora crítica ao entendimento do GUM a esse respeito, tome-se como verdadeira a seguinte afirmação: os valores dos **desvios-padrão da média** obtidos em diferentes medições de um mesmo mensurando, com o uso de diferentes processos e equipamentos, podem ser feitos todos iguais com uma escolha criteriosa e convenientemente acertada dos respectivos **números de indicações**. Isso pode ser sempre conseguido com o aumento dos números de indicação daqueles resultados com maiores **desvios-padrão**. Como última consideração, considere-se como o ensinamento mais fundamental proporcionado por este Apêndice, a evidenciação de que, mesmo num contexto experimentacional bastante simples como o do presente exemplo, dos resultados das medições contidos **Tabela 1**, somente aqueles da primeira linha poderiam ser analisados usando o contexto teórico do GUM. A rigor, se se considerar o desvio-padrão da média para a expressão do componente Tipo A da incerteza, como recomendado pelo GUM, nem mesmo uma declaração de incerteza usando os resultados da primeira linha, obtidos com o paquímetro de plástico, seria aceitável: neste caso a incerteza declarada, com 95 % de nível da confiança, seria 0,04 mm, valor menor que a incerteza inerente avaliada em 0,07 mm (ver **Tabela 1** e **Figura 6**). O correto, como já remarcado aqui, seria usar o valor do desvio-padrão como incerteza Tipo A, caso em que a incerteza declarada, com 95 % de nível da confiança, seria 0,3 mm.

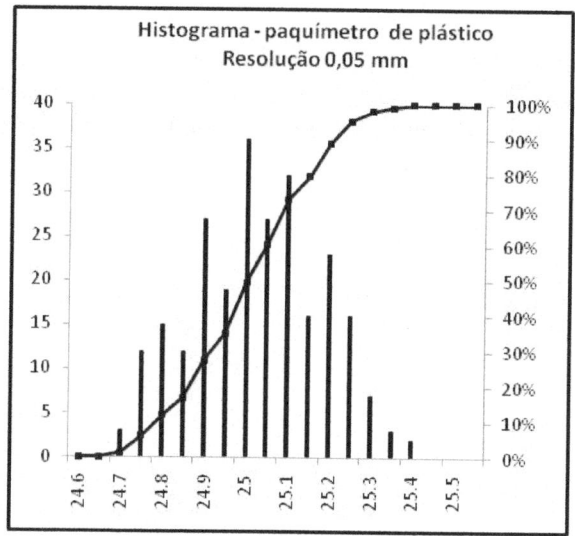

Fonte: elaborada pelo autor

Figura 2. *Histograma (Distribuição de Frequência [16, C.2.18]) e Função Distribuição [16, C.2.4] correspondentes à medição realizada no cilindro*

de inox *(Figura 1)*, usando um paquímetro de plástico com resolução de
0,05 mm. Resultados na **Tabela 1**. Número de indicações: 250.

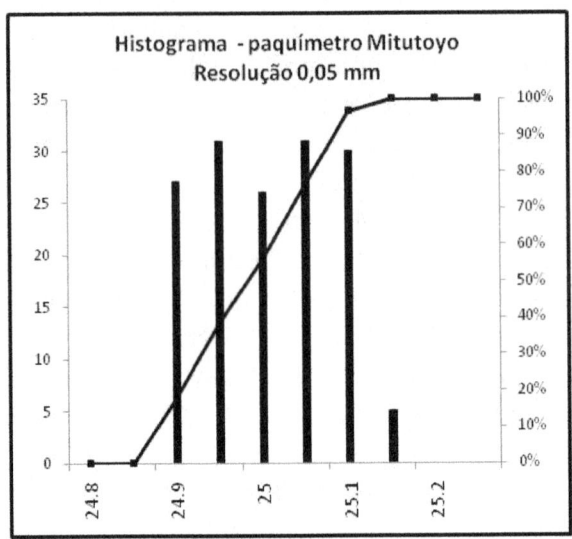

Fonte: elaborada pelo autor

Figura 3. Histograma e Função Distribuição correspondentes à medição
realizada no cilindro de inox *(Figura 1)* usando um paquímetro de aço,
analógico, Mitutoyo, com resolução de 0,05 mm. Resultados na **Tabela 1**.
Número de indicações: 150.

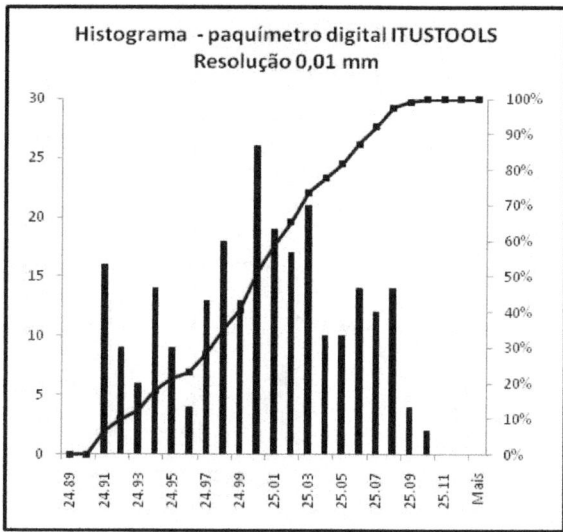

Fonte: elaborada pelo autor

Figura 4. *Histograma e Função Distribuição correspondentes à medição realizada no cilindro de inox* (**Figura 1**) *usando um paquímetro de aço, digital, com resolução de 0,01 mm. Resultados na* **Tabela 1**. *Número de indicações: 251.*

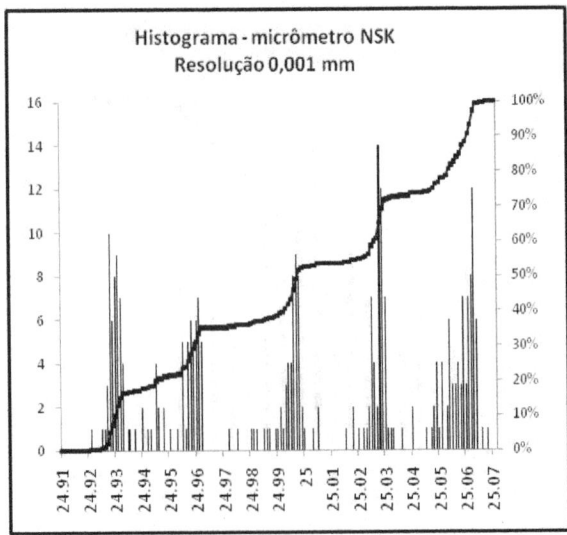

Fonte: elaborada pelo autor

Figura 5. Histograma e Função Distribuição correspondentes à medição realizada no cilindro de inox (**Figura 1**) usando um micrômetro de aço, marca NSK, com resolução de 0,001 mm. Resultados na **Tabela 1**. Comparar com as **figuras 7 e 9**. Com base nesta figura pode-se avaliar a incerteza inerente do mensurando 'diâmetro do cilindro da **Figura 1**' como (25,065 — 24,925)/2 = 0,07 mm. Esse valor corresponde, aproximadamente, à metade da amplitude nominal do 'diâmetro' do cilindro. Número de indicações: 300.

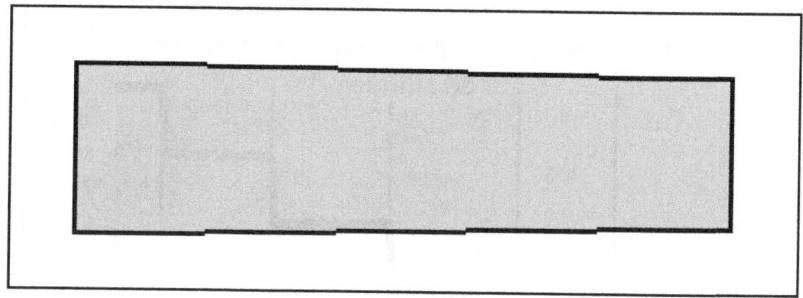

Fonte: elaborada pelo autor

Figura 6. *Perfil esquemático do cilindro de inox mostrado na* **Figura 1**. *O cilindro foi projetado e usinado especialmente para apresentar cinco degraus, com diferenças nominais de 0,03 mm entre os diâmetros médios de degraus adjacentes, e com diâmetro médio de 25,00 mm. Considerando-se apenas esses valores projetados para a peça, a amplitude nominal do 'diâmetro' do cilindro (diferença entre o maior e o menor valor) é da ordem de 0,12 mm, correspondendo a uma incerteza inerente da ordem de 0,06 mm. Os valores obtidos com o micrômetro devem ser tomados como mais representativos dos valores verdadeiros dos diversos diâmetros do cilindro do que os valores nominais projetados. Após a usinagem, o cilindro foi lixado e polido de maneira a que se atenuassem e se mascarassem as transições entre os degraus. A uma primeira observação, mesmo bastante atenta (ver* **Figura 1**), *o mensurando associado à Grandeza Específica Contextualizada 'Diâmetro do Cilindro' pode ser facilmente e honestamente assumido, mesmo por um metrologista experimentado, como um mensurando 'caracterizado por um valor essencialmente único' [16, 1.2]. Esta hipótese revela-se, ao final, enganosa, pelo menos quando a medição é feita com maior precisão [4, 2.15], como sugerem, de maneira inequívoca, os resultados mostrados na* **Figura 5**.

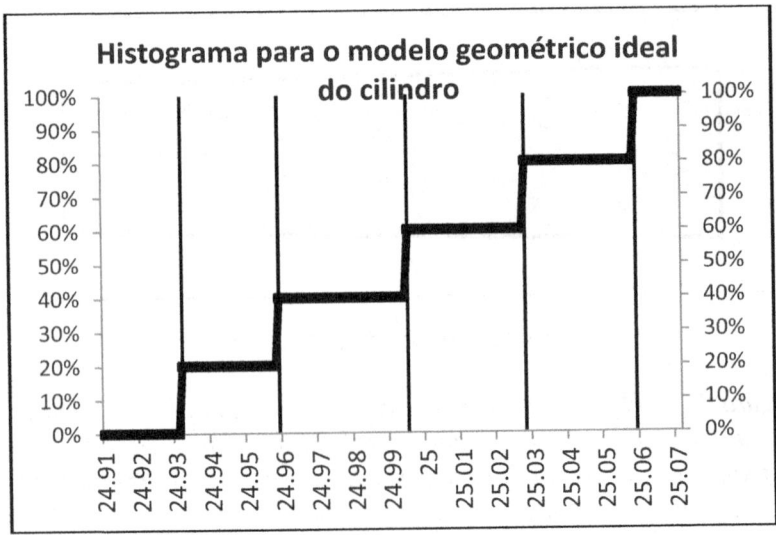

Fonte: elaborada pelo autor

Figura 7. Histograma (linhas verticais) e Função Distribuição (hipotéticos) correspondentes ao modelo geométrico ideal de cilindro mostrado na **Figura 6**. Para os valores dos diâmetros das diferentes regiões foram adotados os resultados obtidos na medição realizada com o micrômetro (ver **Tabela 1**). O leitor deve comparar o histograma acima com aquele mostrado na **Figura 5**.

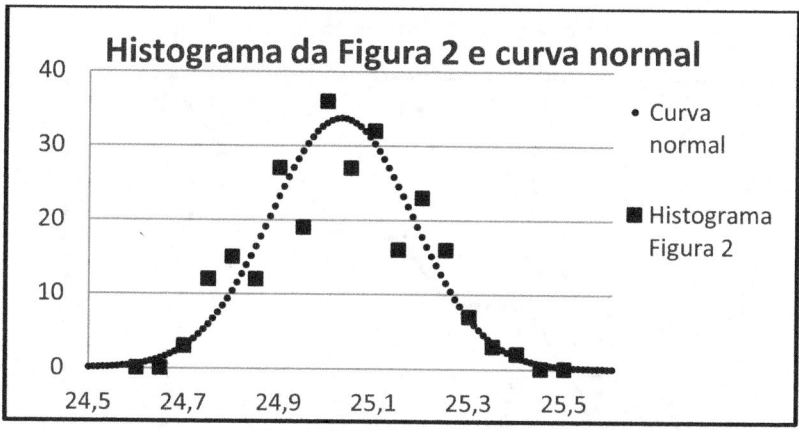

Fonte: elaborada pelo autor

Figura 8. *Comparação do histograma mostrado na* **Figura 2** *(sem as barras verticais), referente aos resultados obtidos com um paquímetro de plástico, com a curva normal de mesma média e mesmo desvio-padrão. Ressalte-se que a FDP que se pode inferir do histograma da* **Figura 2** *poderia ser composta, de maneira mais apropriada que com uma única distribuição gaussiana, com cinco distribuições gaussianas cujas médias seriam aquelas diferentes médias obtidas da medição com o micrômetro, dadas na parte inferior da* **Tabela 1**, *e cujos desvios-padrão deveriam ser todos iguais ao desvio-padrão que seria obtido numa medição feita com o próprio paquímetro de plástico sobre um mensurando similar, mas de valor realmente único.*

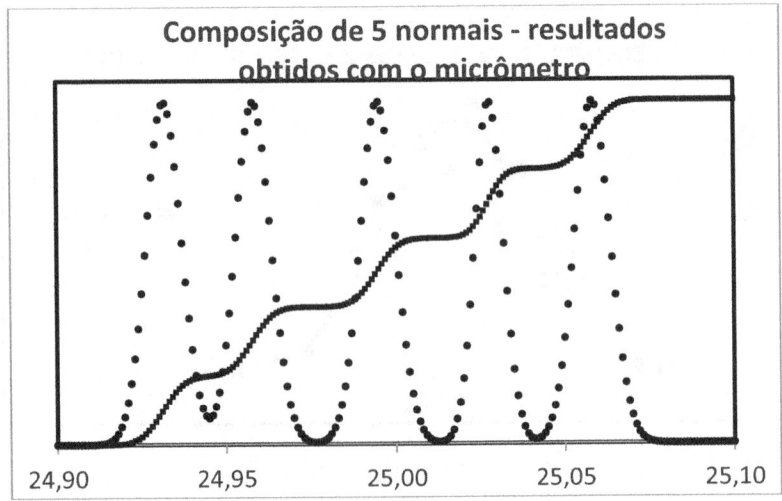

Fonte: elaborada pelo autor

Figura 9. *Composição de 5 curvas normais com médias e desvios-padrão iguais aos valores apresentados na parte inferior da **Tabela 1**, obtidos com a medição feita com o micrômetro. Essa figura deve ser comparada com o histograma da medição correspondente (**Figura 5**) e com o histograma ideal, correspondente ao modelo geométrico ideal de cilindro (**Figura 7**). É mostrada também a Função Distribuição correspondente.*

Tabela 1. *Resultados obtidos em quatro diferentes medições do "diâmetro" do "cilindro" de inox mostrado na **Figura 1** (linhas 1 a 4), usando quatro diferentes instrumentos. As linhas 5 a 9 mostram os resultados correspondentes obtidos com o Micrômetro NSK, agrupados segundo o modelo de cilindro mostrado na **Figura 6**. Tendo em conta estes últimos resultados, e considerando o histograma da **Figura 5**, uma avaliação realística da incerteza definicional seria dada por:*

$$[(D5 - dpm5) - (D1 + dpm1)]/2 = (25{,}058 - 24{,}932)/2$$
$$= 0{,}126/2 \cong 0{,}06 \; mm$$

Obter-se-á um valor semelhante se forem considerados os valores extremos observados na presente medição com o micrômetro, mas levando-se em conta os componentes de incerteza correspondentes à resolução e ao desvio-padrão. Essa é uma suposição bastante razoável porque, para boa parte dos sistemas suporte, os histogramas de medições realizadas em mensurandos associados diferentes terão distribuições estatísticas dos mais diferentes tipos. Que fique bem claro, no entanto, que essas considerações somente se aplicam a casos em que já se tem como certo que a largura do histograma obtido na medição é devida principalmente à incerteza inerente. Deve-se ter sempre em mente que, para uma boa avaliação da incerteza definicional, não entram em jogo conceitos relativos a distribuições estatísticas das indicações. A avaliação é baseada, de maneira geral, em observações objetivas sobre quais seriam, pelo menos de maneira aproximada, o maior e o menor valor verdadeiro do mensurando.

Linha	Medição	Resolução (mm)	Média (mm)		Desvio-padrão (mm)		Desvio-padrão da média (mm)
1	Paquímetro de plástico	0,05	25,03		0,16		0,01
2	Paquímetro Mitutoyo	0,05	25,01		0,07		0,006
3	Paquímetro digital	0,01	25,00		0,05		0,003
4	Micrômetro NSK	0,001	24,999		0,048		0,003
------	------	------	------		------		------
5	Micrômetro NSK – D_1	0,001	D_1 =	24,9317	dp_1=	0,0052	0.00067
6	Micrômetro NSK – D_2	0,001	D_2 =	24,9582	dp_2=	0,0052	0.00075
7	Micrômetro NSK – D_3	0,001	D_3 =	24,9948	dp_3=	0,0052	0.00071
8	Micrômetro NSK – D_4	0,001	D_4 =	25,0277	dp_4=	0,0042	0.00054
9	Micrômetro NSK – D_5	0,001	D_5 =	25,0581	dp_5=	0,0053	0.00059
------	------	------	------		------		------
10	Considerando o modelo esquemático ideal de cilindro (Fig. 6)		24,99		0,05		
11	Diferença entre D_5 e D_1		0,126 mm				

Fonte: elaborada pelo autor.

Made in the USA
Middletown, DE
29 October 2023

41428241R00076